HOMERIC

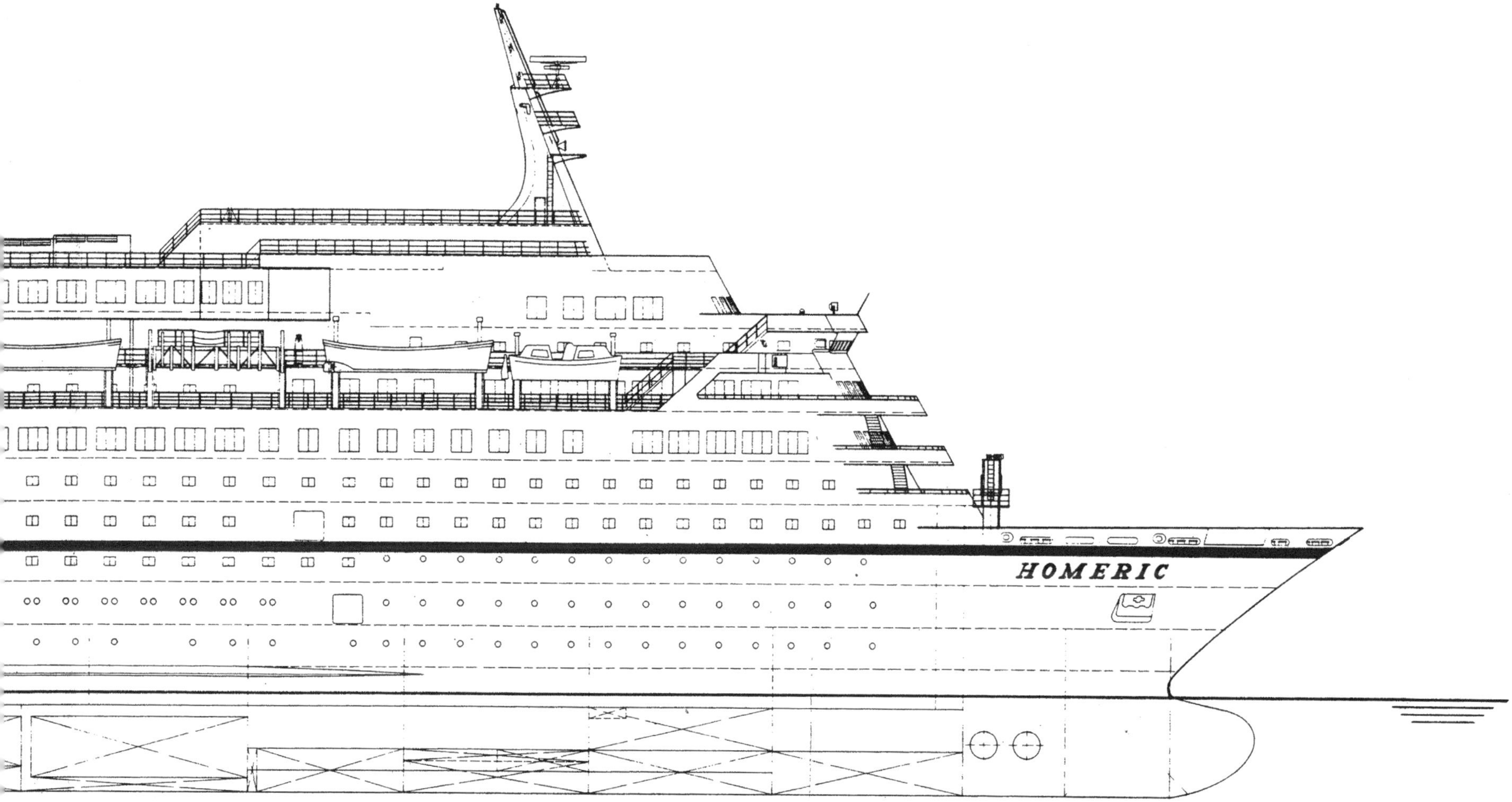

25 Jahre
Kreuzfahrtschiffe der Meyer Werft

Nils Schwerdtner

25 Jahre Kreuzfahrtschiffe der Meyer Werft

Nils Schwerdtner

Koehlers Verlagsgesellschaft mbH

Hamburg

BILDNACHWEIS

AIDA Cruises: 114
Arvico: 154 Grafik, 187 Grafik,202
Celebrity Cruises: 40, 202
Deerberg/Eskalade: 168
Karl-Reinhold Fiebak: 11, 30, 31, 32, 35, 36, 37, 51
Robert Fiebak: Schutzumschlag Vorderseite, 132, 135, 146, 152
Ingrid Fiebak-Kremer: Schutzumschlag Vorderseite, 13, 17, 39, 41, 41, 47, 54, 55, 63,
64, 64, 64, 66, 67, 68-69, 70, 74, 75, 82, 92, 94, 95,96, 97, 98, 99, 100,102, 103,107, 109,
110,113,115, 118, 119,120, 121, 122, 123, 124, 130, 131,134, 135, 136, 137, 138, 139,
141, 145, 148, 149, 150, 151,154, 155, 162, 163 lks, 164, 164, 166, 167, 169, 170, 171, 173,
174, 175, 176, 177, 178, 179, 180, 181, 182, 183, 184, 182, 192, 194, 196, 197, 198, 200
Dietmar Hasenpusch: 83, 87, 88
Björn Haß: 83
Karl G. Haß: 160
David Hecker von Aschwege: Schutzumschlag Rückseite
Henning Kramer: 126, 159
Helmut Kuper: 17, 22, 23, 24, 27, 28, 34, 169
Hero Lang: 25, 34, 39, 39, 45, 50, 56, 65, 71, 163, 190, 191, 192, 193, 194, 195

Günter Lente: 93, 199
Archiv Meyer Werft: 18, 19, 20, 21, 23, 27
Mike Louagie: 72, 106, 161, 196
Hartmut Manitzke: 56
Norwegian Cruise Line: 162 links
Kai Ortel: 160 rechts, 163 links
P&O: 53, 54
Royal Caribbean Cruises Ltd: 10
Nils Schwerdtner: 80, 81
Tallink Group: 191
Transocean Tours : 79
TUI Cruises: 85
Heiner Unkel: 17, 28
Viking River Cruises: 186, 201
Vivavision: 129
Michael Wessels: Schutzumschlag Vorderseite, 42, 43, 44, 58, 61, 77, 91, 105, 108, 116,
117, 144, 157, 189, 193 Mercury, 196, 197, 199, 200, 201
Christian Wyrwa: 7

Ein Gesamtverzeichnis der lieferbaren Titel schicken wir Ihnen gerne zu.
Bitte senden Sie eine E-Mail mit Ihrer Adresse an: vertrieb@koehler-books.de
Sie finden uns auch im Internet unter: www.koehler-books.de

Bibliografische Information der Deutschen Nationalbibliothek
Die Deutsche Nationalbibliothek verzeichnet diese Publikation in der Deutschen Nationalbibliografie;
detaillierte bibliografische Daten sind im Internet über http://dnb.d-nb.de abrufbar.

ISBN 978-3-7822-1041-6

© 2011 by Koehlers Verlagsgesellschaft mbH, Hamburg
Ein Unternehmen der Tamm Media

Lektorat: Keren Bewersdorf
Layout und Produktion: Nicole Laka
Produktionsmanagement: impress media GmbH, Mönchengladbach

Printed in Germany

INHALT

BERNARD MEYER

25 JAHRE KREUZFAHRTSCHIFFE AUS PAPENBURG

Als die Meyer Werft am 6. Mai 1986 in Papenburg mit der HOMERIC ihr erstes Kreuzfahrtschiff ablieferte, war die Branche sehr übersichtlich. Der Kreuzfahrtmarkt war seinerzeit ein relativ kleiner touristischer Nischenmarkt. Das hat sich geändert. Die Kreuzfahrtindustrie hat in den letzten 25 Jahren deutlich an Fahrt aufgenommen und hält heute viele unterschiedliche Angebote für die Passagiere bereit. Rund 17 Mio. Menschen machten 2011 eine Kreuzfahrt, davon waren ca. 5,5 Mio. Europäer und davon 1,2 Mio. Deutsche. Mehr als 300.000 Menschen beschäftigt die Kreuzfahrtbranche bei Reedereien, Häfen und Werften sowie deren Lieferanten in Europa.

Als wir Mitte der 80er Jahre die HOMERIC bauten, wussten wir nicht, dass dieser Markt so dynamisch wachsen würde. Wir hatten Glück und setzten die Spezialisierung auf den Passagierschiffbau konsequent fort. Dank dieser Entscheidung konnten wir uns in den letzten Jahrzehnten als Unternehmen weiter entwickeln. Zu Beginn haben wir alle zwei Jahre ein Schiff in der Größenordnung von 40.000 BRZ abgeliefert. Heute liefern wir dreimal im Jahr Schiffe von bis zu 140.000 BRZ ab. Von der gesamten existierenden Weltflotte von Kreuzfahrtschiffen wurden immerhin 17 Prozent in Papenburg gebaut.

Mit der Industrialisierung der Kreuzfahrt verändern sich auch die Anforderungen an Reedereien und Werften. Die Schiffe sind größer geworden, um attraktive Preise pro Passagier anbieten zu können. Die Kreuzfahrtschiffe müssen sich dabei noch stärker an den Bedürfnissen der Passagiere nach Unterhaltung, Komfort und Entspannung orientieren, aber auch die Besonderheit einer Seereise widerspiegeln. Innovative Entwürfe und ausgefeilte Schiffstechnik sind gefragt, um eine optimale Wirtschaftlichkeit und höchste Umweltstandards zu garantieren.

Die Meyer Werft und ihre rund 2.000 Lieferanten liefern diese Technik in Perfektion: Umweltfreundliche Antriebsanlagen, neue hydrodynamische Schiffsentwürfe, innovative Beleuchtungs- und Raumkonzepte und viele weitere Maßnahmen führen bereits heute zu erheblichen Steigerungen der Energieeffizienz und Reduzierung der Emissionen von Passagierschiffen. Und unser Team hat noch viele Ideen zur Verbesserung. Denn die Passagiere wollen saubere Strände, reine Gletscher und klares Wasser, genauso wie die Reeder und die Werften. Und wir wollen auch die nächsten 25 Jahre beim Bau von Kreuzfahrtschiffen erfolgreich sein und darüber hinaus.

Ich wünsche Ihnen Viel Spaß bei der Lektüre

DOUGLAS WARD

25 JAHRE KREUZFAHRTSCHIFFE

DOUGLAS WARD, Sohn eines Maschinenbauingenieurs und einer Konzertpianistin, wuchs im Süden Englands in der Nähe des beliebten Erholungsortes Bournemouth auf.

Es war seine Liebe zur Geographie und Musik, die ihn dazu brachte, auf Kreuzfahrtschiffen anzuheuern. Nach 17 Jahren auf See, während der er auf den berühmtesten Ozeanlinern der Welt arbeitete, begann er über Schiffe zu schreiben. „Ich habe die Kreuzfahrtindustrie in- und auswendig kennengelernt", sagt Ward.

Ward ist Autor des jährlich erscheinenden, 700 Seiten umfassenden *BERLITZ Guide to Cruising & Cruise Ships* – eines maßgeblichen Kreuzfahrtschiff-Ratgebers, der erstmals im Jahre 1985 veröffentlicht wurde. Die Ausgabe von 2012 erschien im Oktober 2011.

Ward hat auf der ganzen Welt Lob für seinen Ratgeber erhalten und gilt als die weltweit führende unabhängige Autorität zum Thema Kreuzfahrt und Kreuzfahrtschiffe. Mit mehr als 5.700 Tagen auf See und mehr als 1.000 Kreuzfahrten (inklusive mehr als 150 Transatlantik-Überquerungen) ist er durch und durch ein „Kreuzfahrer".

Jubiläumsfeiern vermitteln stets ein gewisses Wohlgefühl, und wenn viele Mitarbeiter daran beteiligt sind, um somehr. Die Meyer Werft zelebriert nun ein solches Jubiläum: Vor 25 Jahren begann sie, neue spezielle Kreuzfahrtschiffe für einen wachsenden Kreuzfahrtmarkt zu bauen.

Schon vor 25 Jahren fertigte die Meyer Werft bereits Fähren für darauf spezialisierte Reedereien. Kreuzfahrtschiffe aber stellten etwas gänzlich Neues dar und erforderten die Beteiligung vieler Firmen und Ausrüstungszulieferer. Kreuzfahrtschiffe sind nämlich nicht als gewöhnliche Transportmöglichkeit konzipiert, sondern einzig und allein für einen schönen Urlaub.

Werfen wir einen Blick auf ein Vierteljahrhundert von »Meilensteinen der Meyer Werft«. Betrachten wir die Änderungen, denen Kreuzfahrtschiffe unterworfen waren, ihre Bauweise und die speziellen Wünsche ihrer Eigentümer und Betreiber.

Passagierschiffe hatten sich bereits von Ozeandampfern, die dafür gedacht waren, lange Strecken auf See in relativem Komfort zu durchqueren und dabei Passagiere (und in manchen Fällen auch ihre Habe) von einem Kontinent zum anderen zu befördern, zu Schiffen gewandelt, die der Sonne folgten und Passagiere auf Kreuzfahrten unterschiedlicher Länge beförderten.

Wenngleich dieses Buch 25 Jahre Kreuzfahrtschiffbau der Meyer Werft feiert, möchte ich Sie noch etwas weiter in die Vergangenheit führen – ins Jahr 1970. In diesem Jahr gingen die Beatles offiziell auseinander, obwohl *Let it Be* ein großer Hit war, ebenso wie Tom Jones' *Love me Tonight* und Simon & Garfunkels *Bridge Over Troubled Waters*. 1970 ist auch das Jahr, das ich (und wohl viele andere) als das Geburtsjahr der modernen Kreuzfahrtschiff-Industrie betrachte. Obwohl die Norwegian Caribbean Line ein Jahr zuvor unter Verwendung von Gebrauchtschiffen ins Leben gerufen worden war, war 1970 das Jahr, in dem sowohl die Royal Caribbean Cruise Line als auch die Royal Viking Line gegründet wurden. Interessanterweise waren beide im Besitz von norwegischen Schiffseignern aus Oslo, die miteinander konkurrierten. Jede Gesellschaft baute drei Schiffe – sie alle hatten einen gänzlich weißen Rumpf und weiße Aufbauten. Zu dieser Zeit beförderte die internationale Kreuzfahrtschiff-Industrie rund 500.000 Passagiere. 2011 war die Zahl auf über 21 *Millionen* Passagiere angestiegen.

In den 1970ern und 1980ern entstanden viele weitere Kreuzfahrtgesellschaften wie zum Beispiel Astor Cruises, Carnival Cruises, Crystal Cruises, Fantasy Cruises, Phoenix Seereisen, Princess Cruises, Premier Cruise Lines, Radisson Seven Seas Cruises, Sea Goddess Cruises, Seabourn Cruise Line, Sundance Cruises und Transocean Tours. Eine jede war auf der Suche nach ihrem eigenen Anteil am „Kuchen Kreuzfahrtmarkt". Neue Destinationen wurden angesteuert, ebenso schuf man für die Passagiere völlig neue Möglichkeiten wie eine Vielzahl von Dienstleistungen, Aktivitäten und Landausflügen.

Während immer größere Schiffe entstanden und damit Ertragssteigerungen generierten, fiel der tatsächliche Preis für Reisen derartig, dass ein Kreuzfahrturlaub nun nicht mehr nur als die Domäne der Reichen und Berühmten galt. Tatsächlich betrachten mehr und mehr Menschen eine Kreuzfahrt als den Urlaub mit dem besten Preis-Leistungs-Verhältnis. Mehrere Länder gaben Briefmarken mit Kreuzfahrtschiffen heraus, und

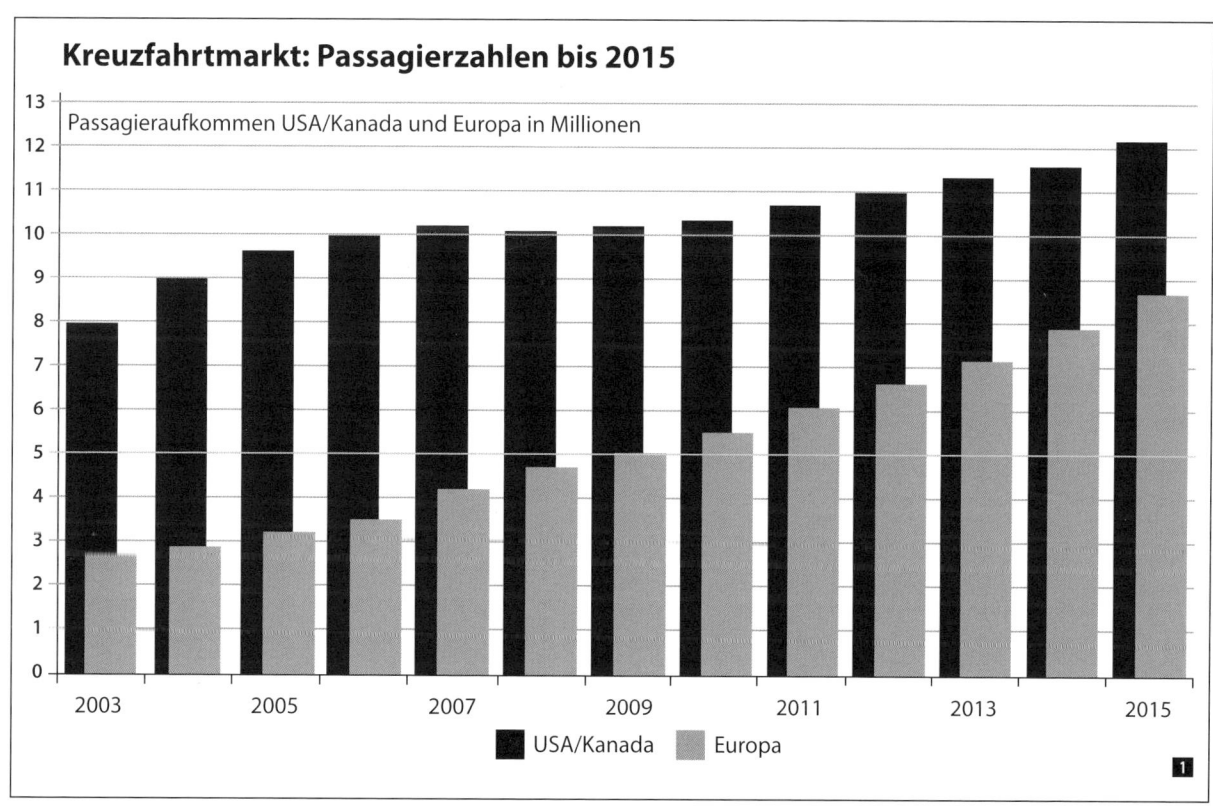

Kreuzfahrtmarkt: Passagierzahlen bis 2015

Passagieraufkommen USA/Kanada und Europa in Millionen

■ USA/Kanada   ▨ Europa

1 Der internationale Kreuzfahrtmarkt ist eine Branche mit beeindruckendem Wachstum.

1 Die vorerst höchste Stufe der Größenentwicklung bei Kreuzfahrtschiffen, die Schwesterschiffe OASIS OF THE SEAS und ALLURE OF THE SEAS. Bars damals und heute: Dunkle, schwere Farben auf der CROWN ODYSSEY **2** und leichte Eleganz auf der CELEBRITY SILHOUETTE **3** .

auch in Fernsehserien spielen Kreuzfahrtschiffe eine Rolle. Kreuzfahrten entwickelten sich zu einem Modetrend.

EINE SICH WANDELNDE SZENE

Als die Meyer Werft damit begann, spezielle Kreuzfahrtschiffe zu bauen, existierte schon eine Vielzahl von Reisebüros, von denen sich nun einige auf Buchungen von Kreuzfahrten spezialisierten. Als ich meine Beschäftigung auf See aufnahm, buchten die Passagiere dagegen noch direkt bei der Reederei.

Die Passagiere wollten in den langen europäischen und nordamerikanischen Wintern der Sonne nachreisen, und die Kreuzfahrtschiffe waren so flexibel, dass sie den Sonnenhungrigen Beförderungsmöglichkeiten bieten konnten. Immer mehr Komfort und Abwechslung durch Gesellschaftsräume sowie ein stetig größer werdendes Unterhaltungsangebot wirkten als Magnet.

Damals gab es nur wenige spezielle Kreuzfahrtterminals, obwohl einige frühere Terminals für Ozeandampfer wie Genua, Le Havre, New York, Southampton und Yokohama umgebaut wurden, damit sie von den glänzenden weißen Kreuzfahrtschiffen jener Tage angesteuert werden konnten.

Die karibischen Inseln, die Bahamas und Bermuda, wohin die „neuen" Kreuzfahrtschiffe fuhren, weil sie dem wachsenden nordamerikanischen Kreuzfahrtmarkt vorgelagert waren, besaßen keine speziellen Kreuzfahrtterminals. Ebenso gab es nur wenige Hotels und so gut wie keinen Flughafen. Es waren tatsächlich die Kreuzfahrtschiffe, die die karibischen Inseln für einen neuen Typ von Besuchern erschlossen: Touristen, die morgens ankamen und abends wieder abfuhren.

NEUES DESIGN VON KREUZFAHRTSCHIFFEN

Neu ins Leben gerufene Kreuzfahrtgesellschaften drängten die Innenarchitekten, zeitgemäßere Einrichtungen zu schaffen, um eine jüngere Kundschaft anzulocken.

Das vielleicht auffälligste Merkmal an dem neuen Kreuzfahrtschiffstyp war eine Aufstockung ihrer Überwasserhöhe, nicht aber der Unterwassertiefe. Sogar die derzeit größten Kreuzfahrtschiffe, die ALLURE OF THE SEAS und die OASIS OF THE SEAS, verfügen nur über einen Tiefgang von 9,15 Metern bei voller Beladung. Eine Zeit lang wirkten viele Kreuzfahrtschiffe der 1980er und 1990er wie flachkantige Ungetüme, denen ein

1 Von der Bedeutung der Balkone: Die QUEEN ELIZABETH 2 trug ab 1972 einige wenige Balkonsuiten zwischen Mast und Schornstein. Früher hatten Kreuzfahrtschiffe einen einzigen Speisesaal. Heute bestimmt eine Auswahl an größeren und kleineren Restaurants das Bild (CROWN ODYSSEY **2** und AIDABELLA **3**).

äußeres begehbares Promenadendeck fehlte – ein Merkmal, für das die Passagiere von damals schwärmten. Das lag teilweise daran, dass heute viel mehr Sicherheitsausrüstung (Tenderboote, Rettungsboote, kleine Kräne und aufblasbare Rettungsinseln) notwendig mitgeführt wird.

DER AUSSENBEREICH

Eine der bedeutendsten Veränderungen war die Einführung von Kabinen mit »privaten« Balkonen, die es den Passagieren ermöglichten, nach draußen zu treten und die Ozeanluft zu schnuppern, während sie gleichzeitig die vorbeiziehende Szenerie betrachteten und der hektischen Betriebsamkeit im Schiffsinnern entfliehen konnten. Eines der ersten Schiffe, auf denen Balkone hinzugefügt wurden, war die inzwischen stillgelegte QUEEN ELIZABETH 2, die 1972 um ein Privatbalkone enthaltendes Deck erweitert wurde – möglicherweise der Wegbereiter für die zukünftige Entwicklung. Heute gibt niemand ein neues Kreuzfahrtschiff ohne Balkonkabinen in Auftrag. Je größer die Fläche, umso mehr können sich die Kreuzfahrtgesellschaften ihre Exklusivität bezahlen lassen. Die Klassenunterschiede der Vergangenheit spielen daher keine Rolle mehr, heute geht es nur noch um die Größe Ihrer Unterkunft – und den so wichtigen Balkon. Der Bau größerer Balkone erlaubt es den Passagieren, sich ganz privat auf Deckstühlen oder Liegen zu sonnen, Cocktails zu genießen oder

Mahlzeiten in mehreren Gängen zu sich zu nehmen. Auf einigen Schiffen jedoch macht ein überhängendes Deck, das für ein erweitertes Pooldeck für die Masse der Passagiere hinzugefügt wurde, Sonnenbalkone nicht so sonnenverwöhnt. Dennoch werden die Balkone bleiben und – da bin ich sicher – noch benutzerfreundlicher werden (vielleicht mit ausklappbaren Betten zum Schlafen?).

In den vergangenen 25 Jahren sind mehr und mehr Außenanlagen geschaffen worden, wie zum Beispiel wasser- und pumpenintensive Aquaparks, Kletterwände, Wildwasserfahrten, Wasserrutschen, Kinderspielparks, private Schwimmbecken, Rückzugsbereiche nur für Erwachsene und so weiter. In der Tat veranschaulichen die erst kürzlich auf der Meyer Werft entstandenen Neubauten für Disney Cruise Line, wie sehr das Outdoor-Erlebnis für jenen Passagiertyp an Bedeutung gewonnen hat, der sich zu einer neuen Generation von Kreuzfahrtlern entwickelt – Kinder und Teenager. Tatsächlich traf ich neulich einen Zehnjährigen, der bereits mehr als 60 Kreuzfahrten hinter sich hatte (allerdings mit seinen Eltern)!

Eine weitere sichtbare Veränderung war die zunehmende Verwendung großer Glasfassaden, die es den Passagieren erlaubt, sich den Meeren und Ozeanen verbunden zu fühlen, auf denen sie unterwegs sind, während sie gleichzeitig in den Innenbereichen der Unterhaltung, der Zerstreuung und dem Einkaufen nachgehen, mit dem die Kreuzfahrtgesellschaften hohen Umsatz erzielen. Tatsächlich hatte die Einbeziehung von mehr und mehr umsatzerzielenden Flächen (wie beispielsweise Casinos) Vorrang bei nicht wenigen der großen Unternehmen.

Darüber hinaus wurden vibrationslose „Podpropeller" als Antriebssysteme eingeführt. Dadurch sollten einerseits Kreuzfahrten für die Passagiere noch komfortabler gestaltet werden, andererseits erleichtern sie den Kapitänen das Navigieren des Schiffes, vor allem in einigen der überfüllten Häfen von heute.

DER INNENBEREICH

Anstelle von Rauchersalons weisen die großen Urlaubsschiffe heute gewaltige, spezielle Showlounges mit Platz für über tausend Personen auf. Dies stellte die Schiffbauer vor große Herausforderungen, zumal die Architekten zu Recht Showlounges ohne Pfeiler verlangten, so dass jeder einen guten Platz finden kann. Aber auch Bühnen, Bühnenportale sowie Aufbewahrungsräume für Kulissen und Umkleideräume fordern die Schiffbauer und Designer heraus, wobei räumliche Auflagen für

Brandzonen und andere Sicherheitsvorschriften absolute Priorität besitzen.

Gepäckstauräume (früher reisten Passagiere immer mit großen Überseekoffern, heute aber mit leichterem und kleinerem Gepäck – besonders wenn auch Flüge inbegriffen sind) sind verschwunden und wurden durch mehr Kabinen und Büroräume für den Schiffsbetrieb ersetzt.

Die Aussichtssalons ganz oben auf dem Schiff über der Kommandobrücke – bei den Ozeandampfern früherer Tage völlig unbekannt, als die Brücke das „Dach der Welt" war – stellten hohe Anforderungen an die Stabilitätsberechnung und führten zur Verwendung von Leichtbauwerkstoffen.

Im Gegensatz zu früher, als die Schiffe über Telefonvermittlungen mit echtem Personal (die QUEEN ELIZABETH 2 beispielsweise hatte 13, als sie 1969 in Dienst ging) und Funkräume verfügten, besitzen die modernen Schiffe automatisierte Kommunikationssysteme auf kleinstem Raum, ebenso interaktive Flachbildschirme in allen Kabinen beziehungsweise Suiten.

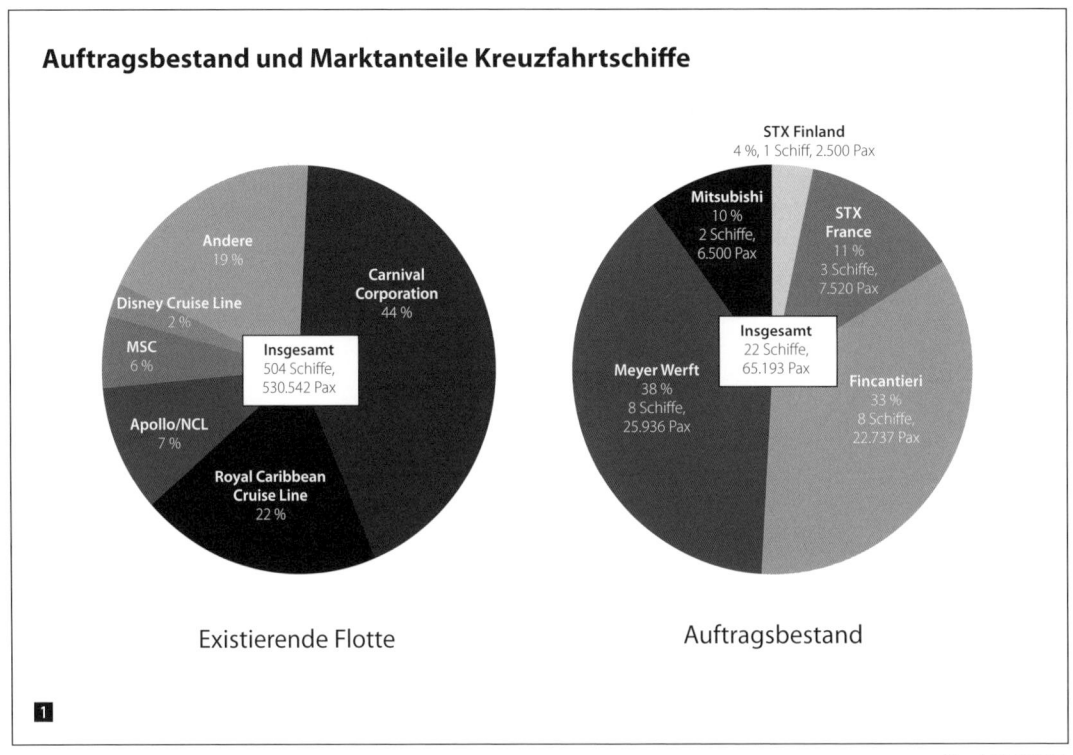

Auftragsbestand und Marktanteile Kreuzfahrtschiffe

Existierende Flotte

Andere
19 %

Disney Cruise Line
2 %

MSC
6 %

Apollo/NCL
7 %

Royal Caribbean
Cruise Line
22 %

Carnival
Corporation
44 %

Insgesamt
504 Schiffe,
530.542 Pax

Auftragsbestand

STX Finland
4 %, 1 Schiff, 2.500 Pax

Mitsubishi
10 %
2 Schiffe,
6.500 Pax

STX
France
11 %
3 Schiffe,
7.520 Pax

Meyer Werft
38 %
8 Schiffe,
25.936 Pax

Insgesamt
22 Schiffe,
65.193 Pax

Fincantieri
33 %
8 Schiffe,
22.737 Pax

1 2 Innovative Fertigungsmethoden
und hohe Produktivität haben die
Meyer Werft zu einem Marktführer im Bau
von Kreuzfahrtschiffen gemacht.

1

Stand: 01.10.2011

Der früher einzige Speisesaal an Bord wurde durch vielfältige Restaurants und exklusive Speisesäle zum Extrapreis ersetzt, während Selbstbedienungsbüfetts mit Schlangestehen sich erfreulicherweise zu Freeflow-Restaurants entwickelt haben.

Wer hätte sich damals denken können, dass im Jahre 2011 über 50 Schiffe mit einer Bruttotonnage von jeweils mehr als 100.000 Tonnen unterwegs sein würden? Oder dass etwa eine Destination wie Barcelona jährlich über zwei Millionen Kreuzfahrtpassagiere erleben würde? Dass pro Jahr über eine Million Passagiere Venedig ansteuern und Alaska ein Kreuzfahrtgebiet werden würde? Dass Sie die Antarktis besuchen oder die Wunder der Nordwestpassage bestaunen können? Dass Sie von Ihrer Kabine aus auf einen Balkon hinaustreten können?

Während die Tradition des „Kapitänstisches" so gut wie verschwunden ist, wollen wir einmal einen Blick auf all die Neuheiten werfen, die auf den neuen Schiffen in den vergangenen 25 Jahren eingeführt wurden: elektronische Kabinenkarten; der Deckplan auf dem Berührungsbildschirm; elektronische Drucktastenanzeiger „Bitte nicht stören" und „Bitte Kabine reinigen"; elektronische Tafeln, die die Verfügbarkeit eines Restaurants anzeigen; Vakuumtoiletten; Satelliten-Telefone in der Kabine (1986 eingeführt); nur für Erwachsene vorgesehene Ruhezonen; große Kinoleinwände neben dem Swimmingpool; mehr Einrichtungen für körperlich Benachteiligte; Rettungsboote und -inseln sowie andere verbesserte Sicherheitsausrüstungen.

Auch der Unterbringungskomfort der Mannschaft hat sich in den vergangenen 25 Jahren bedeutend verbessert. Die meisten Mannschaftskabinen sind nur noch für zwei Personen ausgelegt, verglichen mit bis zu

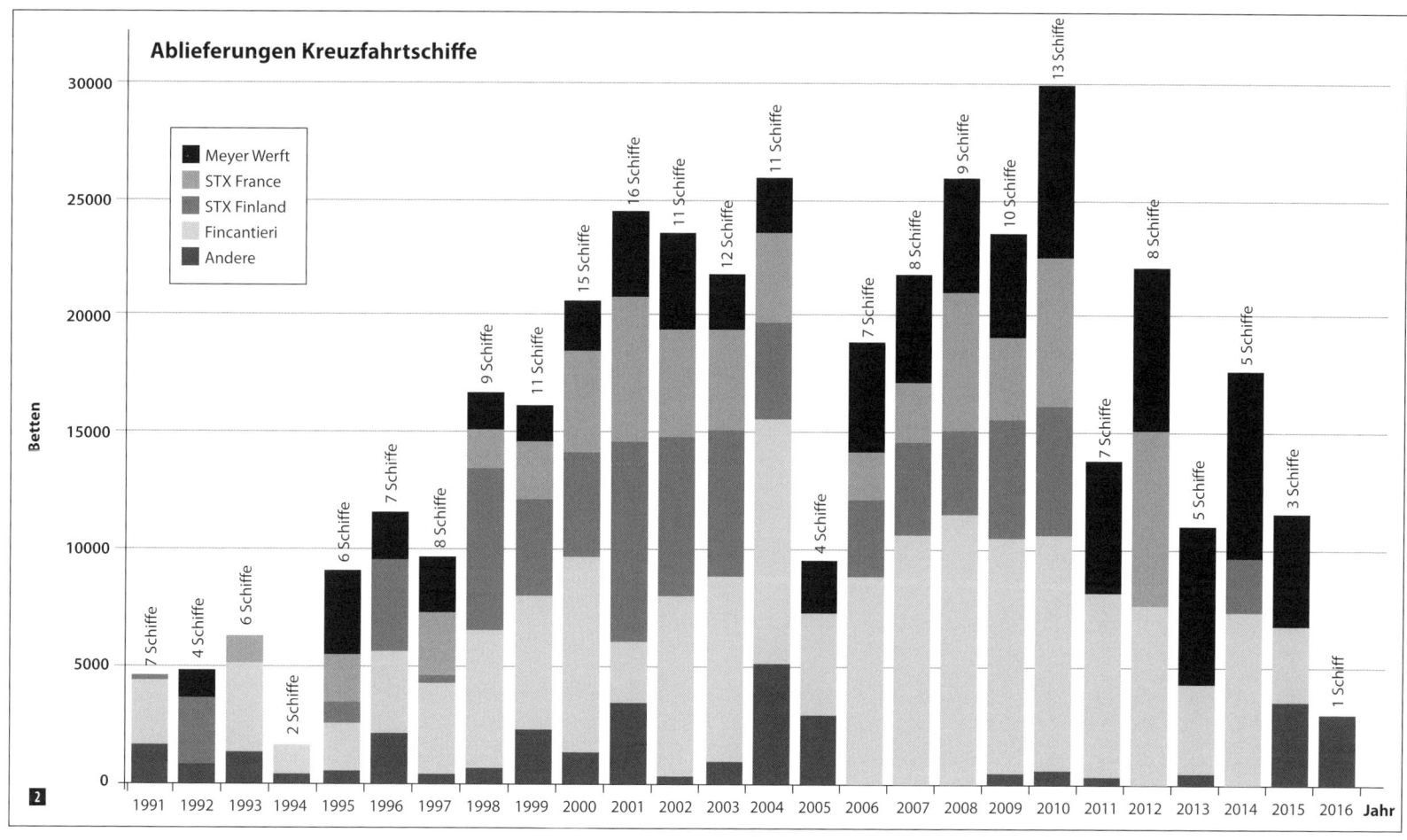

Ablieferungen Kreuzfahrtschiffe

Legend:
- Meyer Werft
- STX France
- STX Finland
- Fincantieri
- Andere

Y-axis: Betten
X-axis: Jahr

1991: 7 Schiffe
1992: 4 Schiffe
1993: 6 Schiffe
1994: 2 Schiffe
1995: 6 Schiffe
1996: 7 Schiffe
1997: 8 Schiffe
1998: 9 Schiffe
1999: 11 Schiffe
2000: 15 Schiffe
2001: 16 Schiffe
2002: 11 Schiffe
2003: 12 Schiffe
2004: 11 Schiffe
2005: 4 Schiffe
2006: 7 Schiffe
2007: 8 Schiffe
2008: 9 Schiffe
2009: 10 Schiffe
2010: 13 Schiffe
2011: 7 Schiffe
2012: 8 Schiffe
2013: 5 Schiffe
2014: 5 Schiffe
2015: 3 Schiffe
2016: 1 Schiff

2

sechs noch vor wenigen Jahren. Die Mannschaftsquartiere weisen auch spezielle Restaurants, Fitnessräume, Tag- und Nachtaufenthaltsräume und Internetanschluss auf.

DIE KREUZFAHRTGESELLSCHAFTEN

Seit die Meyer Werft vor 25 Jahren begonnen hat, Kreuzfahrtschiffe zu bauen, gibt es nicht nur Erfolgsmeldungen im Kreuzfahrtsektor. Mehr als 60 Kreuzfahrtgesellschaften mussten seit 1985 Konkurs anmelden oder aber gingen in anderen Unternehmen auf. Tatsächlich sind bedauerlicherweise einige der berühmtesten Namen in der Kreuzfahrtindustrie verschwunden (so manche als Folge der 9/11-Tragödie in New York). Darunter befanden sich: CTC Cruises, Festival Cruises, Premier Cruise Lines, Regency Cruises, Royal Cruise Line, Renaissance Cruises, Royal Viking Line, Sitmar Cruises und Sun Line.

Aber dies bietet neuen Unternehmern eine Gelegenheit, die nächste Generation von Kreuzfahrtschiffen hervorzubringen. Die Meyer Werft steht in den Startlöchern, sie zu bauen. Meine Kristallkugel sagt mir, dass die Zukunft dem Schiff gehört und die See mehr und mehr Menschen anziehen wird, die all die angenehmen Aspekte nutzen wollen, die eine Kreuzfahrt zu bieten hat.

Daher beglückwünsche ich persönlich die Meyer Werft und ihre Belegschaft zu einem Vierteljahrhundert Kreuzfahrtschiff-Bau und hebe mein Glas auf die nächsten 25 Jahre!

DIE FRÜHEN KREUZFAHRTSCHIFFE DER MEYER WERFT

Die Ems entspringt in der Senne bei Schloß Holte-Stukenbrock im Westfälischen inmitten idyllischer Wälder – ganz klein und unscheinbar. Von dort bahnt sie sich über 371 Kilometer ihren Weg durch den Nordwesten der Republik, nimmt das Wasser weiterer Zuflüsse auf, bevor sie bei Emden in die Nordsee mündet.

Auf seinem Weg passiert der Fluss die Stadt Papenburg, Deutschlands südlichsten Seehafen. Hier beginnt die sogenannte Untere Ems, und von hier sind es noch rund vierzig Flusskilometer bis Emden, die der Fluss in seinem schmalen, gewundenen Bett zurücklegt. Normalerweise fahren nur Binnen- oder Küstenschiffe so weit ins Land hinein. Was für ein ungewöhnlicher Ort, um dort Kreuzfahrtschiffe zu bauen, die es unter die Top 10 der größten Schiffe der Welt schaffen! So zumindest mag der unbeteiligte Betrachter bei sich denken.

Aber wie so oft ist diese ungewöhnliche Situation nur die vorerst letzte Station einer Entwicklung, zu deren Beginn niemand absehen konnte, mit welchen Herausforderungen folgende Generationen zu kämpfen haben würden. Und ein Stück weit ist das sicherlich auch ganz gut so. Denn was würde wohl Willm Rolf Meyer im Januar 1795, als frisch gebackener Eigentümer eines Schiffbau-Betriebs, gesagt haben, hätte man

ihm nahe gelegt, seine Werft doch einige Kilometer weiter seewärts anzusiedeln. Bei der Vision von Schiffen aus Eisen, größer als jedes andere bewegliche Objekt, das Meyer und seine Zeitgenossen kannten, würde er wohl bestenfalls ungläubig geguckt und auf die eigenen Bedürfnisse und die seiner Mitmenschen verwiesen haben.

Um aber zu verstehen, warum die größten in Deutschland gebauten Passagierschiffe auch heute noch als erste Reise den schwierigen Weg die Ems hinab bestreiten müssen, ist es sinnvoll, einen Moment auf die lange Geschichte der Meyer Werft zu blicken. Diese Geschichte ist wohlbekannt und oft erzählt worden[1]; daher soll sie an dieser Stelle nicht in epischer Breite wiederholt werden.

Papenburg, als heute südlichster Seehafen der Bundesrepublik, hat seinen Ursprung im 17. Jahrhundert als sogenannte Fehnkolonie – eine Ansiedlung im Moor entlang weit verzweigter Entwässerungskanäle, deren Siedler vorwiegend vom Torfabbau und der Landwirtschaft lebten. Über die Kanäle und die nahe Ems konnten die Erzeugnisse der Kolonie ins benach-

---

[1] Zuletzt von Hans Jürgen Witthöft: „Meyer Werft: Innovativer Schiffbau aus Papenburg", Koehlers Verlagsgesellschaft mbH, Hamburg, 2005

1 Die Meyer Werft im Jahr 1987: Die neue Baudockhalle ist fast fertig. Darin wird bereits emsig an dem Kreuzfahrtschiff CROWN ODYSSEY gearbeitet. Links von der Halle sind noch die Reste des Helgens zu erkennen. Ein Gastanker für Petrobas Brasilien passiert gerade die Seeschleuse.

1 Die Meyer Werft zu Beginn des 20. Jahrhunderts.
2 Die TRITON war der erste eiserne Dampfer von der Werft Jos. L. Meyers.

barte Ostfriesland abtransportiert werden. Und als der Fürst von Ostfriesland 1719 die Torfeinfuhr untersagte, mussten die Papenburger notgedrungen das Tor zur Welt aufstoßen und weiter entfernte Handelsplätze aufsuchen. Bis nach Hamburg reichten diese frühen Geschäftsbeziehungen.

Der wachsende Handel brachte steigenden Bedarf an Transportraum mit sich, und so war es nur folgerichtig, dass neben der Torfgewinnung in Papenburg bald der Schiffbau zu blühen begann.

So war Willm Rolf Meyer durchaus kein Pionier, als er am 7. Januar 1795 ein Grundstück, die „Thurmwerft", ersteigerte. Seine Werft war nicht die erste in Papenburg, und zeitweise sollte es 26 ähnliche Betriebe geben. Aber sein Unternehmen überlebte als einzige Werft am Ort.

Von jeher wirken äußere Einflüsse stark auf den Schiffbau ein. Krieg und Frieden, steigende und abflauende Konjunktur, politische Bündnisse und Handelsembargos haben den Bedarf an Schiffsraum zu- und abnehmen lassen. Der Betrieb von Willm Rolf Meyer konnte sich in den wechselhaften Zeiten des noch jungen Welthandels behaupten und ging nach dem Tod des Gründers 1841 in die Hände von dessen Sohn Franz Wilhelm über.

Einige Jahre später gründete sein zweiter Sohn, Heinrich Wilhelm Meyer, eine eigene Werft in Papenburg. Lange Jahre arbeiteten die Gebrüder Meyer nebeneinander und auch immer wieder miteinander.

Eine dritte Urzelle der heutigen Meyer Werft entstand in Papenburg 1872. Ihr Gründer, Joseph Lambert Meyer, war der zweite Sohn von Franz Wilhelm, und er führte den Papenburger Schiffbau in die Moderne. Denn während die Betriebe seines Vaters und seines Onkels mit dem Niedergang hölzerner Segelschiffe bald ihre Tore schließen mussten, erkannte Joseph Lambert, dass Eisenschiffen und Maschinen die Zukunft gehörte.

Im Zuge seiner Ausbildung hatte er unter anderem beim Stettiner Vulcan gearbeitet, der damaligen Vorzeigewerft des Deutschen Reiches. Insbesondere die dort gemachten Erfahrungen brachte er mit in die Heimat, wo er in der dritten Generation Papenburger Schiffbauer mit Hilfe eines Industriellen aus Darmstadt die Firma „Barth und Meyer, Eisenschiffswerft, Eisengießerei und Maschinenfabrik" gründete, die eigentliche Urzelle der heutigen Meyer Werft.

„In der Bauliste der Werft Jos. L. Meyer ist nahezu jeder Schiffstyp der See- und Binnenschiffahrt vertreten", schrieb 1986 der Chroniker Klaus-Peter Kiedel.[2] „Es ist auffällig, dass die verschiedenen Schiffstypen schwerpunktmäßig über mehr oder weniger lange Zeitabschnitte verstärkt in der Bau-

liste auftauchen, um dann wieder völlig aus dem Lieferprogramm zu verschwinden. Lediglich die Passagierschiffe sind von der Bau-Nr. 4 des Jahres 1874 an bis heute kontinuierlich bei der Werft vom Stapel gelaufen."

Dennoch horchte die Fachwelt überrascht auf, als die Meyer Werft im April 1984 bekannt gab, den Auftrag für ein 42.000 BRT großes Kreuzfahrtschiff hereingenommen zu haben. Um dieses Erstaunen zu verstehen, wollen wir noch ein kleines Stück der frühen Werftgeschichte folgen: Nach drei Kohlenprähmen war die TRITON die besagte Baunummer 4. Mit 133 BRT war sie ein für heutige Begriffe winziges Schifflein, das Joseph Lambert Meyers Werft an die seinerzeit zweitgrößte Reederei Deutschlands, den Norddeutschen Lloyd, ablieferte. Der setzte den kleinen Raddampfer immerhin 21 Jahre lang erfolgreich als Seebäderschiff, Zubringer und Schlepper ein. Für die Meyer Werft begann damit eine kontinuierliche Entwicklung in vielen kleinen Schritten. Die besondere

---

[2] Kiedel, Klaus-Peter: Vom Flußraddampfer zum Kreuzliner, Emsländische Landschaft für die Kreise Emsland und Grafschaft Bentheim e.V., Sögel, 1986

Lage der Werft spielte dabei eine bedeutende Rolle: Das Werftgelände am Turmkanal wurde durch die durch Papenburg führende Eisenbahnstrecke vom Hauptkanal abgeschnitten. Eine Klappbrücke gestattete die Ausfahrt von Neubauten aus der Werft. Diese gab mit einer Durchlassbreite von maximal 8,50 Metern aber lange Zeit auch die Obergrenze in der Schiffsgröße vor. Zwar wurde die Brücke 1903 durch ein neues Bauwerk mit einer immerhin 15 Meter weiten Öffnung ersetzt, aber bis zu diesem Zeitpunkt hatte man sich bereits dreißig Jahre lang einschränken müssen.

Vielleicht war es gerade diese Tatsache, die dafür sorgte, dass die Meyer Werft bereits frühzeitig auf eine Art innovativen Spezialschiffbaus angewiesen war. Man musste sich bei der Schiffsbreite beschränken, also verbreitete man stattdessen das Portfolio.

Joseph Lambert Meyer starb 1920, und der Werftbetrieb wurde von seinen Söhnen Franz Joseph und (bis 1924) Bernhard weitergeführt. Unter ihrer Leitung lieferte die Werft 1921 den bis dahin größten Neubau ab, den 1.468 BRT großen Frachter DURAZZO für die HAPAG.

Und so beschloss man, vorerst keine weiteren Aufträge in derartiger Größenordnung anzunehmen und es beim Bewährten zu belassen. Dies war natürlich darüber hinaus dem Umstand geschuldet, dass Franz Joseph Meyer die Werft durch die vielleicht schwierigste Epoche der jüngeren Geschichte führte – gezeichnet von Inflation, Depression, politischen Unruhen, Krieg und mühsamem Wiederaufbau. Bis zu seinem Tod 1951 galt die Sorge überwiegend dem Erhalt des Erreichten.

Franz Joseph Meyers Söhne, Joseph-Franz und Godfried, die die Geschicke des Unternehmens ab 1951 in fünfter Generation fortführten, waren in der glücklichen Lage, dies in einer Zeit wirtschaftlichen Wachstums zu tun. Die ersten, schwierigen Jahre des Wiederaufbaus nach dem Krieg waren überstanden. Es war die Zeit des deutschen Wirtschaftswunders und des rasant zunehmenden Welthandels. Unter der Führung

1 In der Kaiserzeit baute die Meyer Werft unter anderem Kolonialschiffe wie die GRAF GOETZEN, die Weltruhm durch ihre Rolle als „LUISE" in dem Film „AFRICAN QUEEN" erlangte.
2 Die MAURITIUS wurde 1955 abgeliefert. Das Schiff beförderte sowohl Passagiere als auch Fracht.

von Joseph-Franz und Godfried Meyer wurden diese wirtschaftlichen Rahmenbedingungen mit einer Portion Mut zu Neuem und den Stärken der Vorväter – Fleiß, Spezialisierung und Innovation – verquickt. Damit war der Grundstein zu einer rasanten Entwicklung gelegt.

Dabei waren es vor allem drei Schiffstypen, mit denen sich das Unternehmen nach dem Zweiten Weltkrieg einen Namen machte: Passagierschiffe, Ro/Ro-Fähren und Flüssiggastanker.

Unter den Passagierschiffen ist als ein Meilenstein nach der TRITON (1872) und Gouvernementsdampfer HERZOGIN ELISABETH (1902) sowie der LIEMBA (1913) die 2.092 BRT große MAURITIUS von 1955 zu erwähnen. Dieses schmucke Kombischiff war von der Colonial Steamship Company zum Einsatz in der britischen Kronkolonie zwischen Mauritius und Ceylon (heute Sri Lanka) in Auftrag gegeben worden und stellte einen bedeutenden Schritt in Richtung zunehmender internationaler Ausrichtung der Werft dar.

Ähnliche Schiffe wurden wenige Jahre später von der Republik Indonesien bestellt. Es war der Beginn einer langen und fruchtbaren Zusammenarbeit. Bis 2008 lieferte die Meyer Werft insgesamt 30 Schiffe in zunehmender Größe an den Inselstaat.

Eine noch bedeutendere Zunahme der Schiffsgrößen fand bei den Fähren statt. Nach einigen Inselfähren war die BORNHOLMERPILEN 1963 die erste Hochseefähre aus Papenburg. Sie wurde für die AIS Dampskibsselskab Bornholm of 1866 gebaut und war mit 2.000 BRT noch nicht größer als die zuvor gebauten Einheiten.

Im weltweiten Vergleich waren diese Schiffe natürlich immer noch klein. Aber sie stellten bedeutende Schritte in der werfteigenen Entwicklung dar und festigten das Zutrauen in die eigenen Fähigkeiten, auch mit größeren Schiffen zurecht zu kommen. Hatte die Meyer Werft über Jahrzehnte bestimmte Schiffsgrößen nicht übertroffen, so wurde nun die Messlatte in rascher Abfolge höher gelegt.

1 Seebäderschiffe wie die FRISIA XV von 1949 gehörten zum Bauprogramm der Nachkriegszeit und ebneten den Weg zu größeren Fähren.
2 Die COROMUEL für die mexikanische Reederei Caminos y Puentes Federales, gehörte zur Serie von Fährschiffen, die die Branche „Papenburg Sisters" nannte.
3 Mit dem Bau von Gastankern begann für die Meyer Werft eine Periode bis dahin ungeahnter Expansion.

In den 1970er Jahren folgte eine Reihe von immerhin neun Fährschiffen zunehmender Größe für die Reederei Viking Line sowie für Mexiko. Diese Fähren – in der Branche bekannt als „Die Papenburger" – sahen nun auch äußerlich schon nach Großschiff aus und wiesen diverse technische und ausstattungsmäßige Finessen auf. Dazu gehörten als Weiterentwicklung die drei Fähren für die mexikanische Regierung, deren größte, die COROMUEL von 1973, immerhin bereits 7.234 BRT groß war.

Damit war allerdings auch das Kapazitätsmaximum der Werft ausgeschöpft. Nicht nur geriet das Hafenbecken der Werft an seine Grenzen, wenn mehrere dieser Schiffe sich darin befanden, auch die Eisenbahnbrücke schob der weiteren Entwicklung zunächst einen Riegel vor. Nach dem zweiten Weltkrieg hatte man die zerstörte Brücke (wiederum unter finanzieller Teilnahme der Werft) durch ein neues Bauwerk mit einer Durchfahrtsbreite von nunmehr 18 Metern ersetzt. Die COROMUEL maß 17,58 Meter, was das Fingerspitzengefühl erahnen lässt, mit dem man sie durch das Nadelöhr Brücke hatte manövrieren müssen.

Allerdings waren es die anderen, zuvor erwähnten Spezialschiffe, die Flüssiggastanker, die den Anstoß zur vielleicht größten Zäsur in der Geschichte des Unternehmens gaben – und auch das erste Mal wahrhaft den Wagemut erkennen lassen, mit dem man bereit war, im Geschäft zu bleiben. In den Bau von Gastankern war die Meyer Werft mit der 1961 abgelieferten KIRSTEN THOLSTRUP eingestiegen. Weitere Aufträge folgten, und schon nach wenigen Jahren besaß man in Papenburg eine wertvolle Basis an Know-how und hatte sich mit erfinderischem Ideenreichtum einen Namen gemacht. In der Tat war die Werft mit dem LPG-Tankerbau so erfolgreich, dass 1974 ein Großauftrag für die sowjetische Reederei Sovcomflot gebucht werden konnte: sechs Einheiten von jeweils gut 12.000 m³.

Damit wurden zwar die Möglichkeiten des bisherigen Betriebes endgültig gesprengt, andererseits bot dieser Auftrag ausreichend finanzielles Potenzial, um eine längst in Erwägung gezogene Investition zu tätigen: die Umsiedlung der Werft an einen geräumigeren Standort.

Es versteht sich von selbst, dass weder die Stadt Papenburg noch der Landkreis Emsland (damals Aschendorf-Hümmling) die Abwanderung von gut 1.200 Arbeitsplätzen riskieren wollten. So konnte man sich mit der Geschäftsleitung des Unternehmens – nunmehr bestehend aus Joseph-Franz Meyer und seinem Sohn Bernard – kurzerhand auf einen Standort nur wenige Kilometer vom Stammbetrieb einigen. Dieser bot die kombinierten Vorteile der Tidefreiheit einerseits (da noch innerhalb

des Papenburger Hafengebietes und durch eine Schleuse von der Ems getrennt) und einer beachtlichen Ausbaureserve andererseits.

Die Umsiedlung der Meyer Werft entstand aus einer technischen Unabdingbarkeit heraus. Aber sie wurde mit Weitsicht betrieben, und es ist sicherlich als gutes Omen zu werten, dass das Jahr, in dem der neue Standort in Betrieb genommen wurde (1975) ein „Zahlenanagramm" des Gründungsjahres von Willm Rolf Meyers erster Werft (1795) ist.

Mit den Möglichkeiten des neuen Betriebes konnten weitere Passagierschiffe für Indonesien und Fährschiffe für Skandinavien in Auftrag genommen werden, deren vorläufigen Höhepunkt mit 15.566 BRT die VIKING SALLY darstellte.

Die so gewachsenen Schiffe stellten zwar für die Meyer Werft kein Problem mehr dar (eine neue Dockschleuse mit 42,5 Meter Durchfahrtsbreite war Mitte der 1980er Jahre eindeutig auf Expansion ausgelegt – auch dies eine weitsichtige Entscheidung), nun aber begann die vierzig Kilometer lange Überführung die Ems hinab zunehmend und bis heute zu einer Herausforderung zu werden, die uns in diesem Buch immer wieder einmal begegnen wird.

Die über 100 Jahre alte Eisenbahnklappbrücke bei Weener hätte beispielsweise eine Durchfahrt der VIKING SALLY fast unmöglich gemacht.

1 Nur mit künstlich erzeugter Schlagseite konnte die VIKING SALLY die Friesenbrücke bei Weener passieren.
2 Die DIANA II war 1979 das erste mit über 10.000 BRZ vermessene Schiff von der Meyer Werft.

Die Breite des Neubaus ließ auf beiden Seiten gerade einmal 25 Zentimeter Spielraum. Und selbst dann wäre das Schiff mit seinen Aufbauten an den leicht schräg stehenden Teil der Klappbrücke gestoßen. Nur durch Flutung der steuerbords gelegenen Ballasttanks – und die damit hervorgerufene Schlagseite – konnte die Brücke passiert werden.

Und damit sind wir wieder bei der Frage angelangt, was es war, das die Fachwelt erstaunen ließ, als die Meyer Werft im April 1984 den Bau ihres ersten Kreuzfahrtschiffes bekannt gab. Mit dem Bau der jüngsten Fähren und Gastanker hatte das Unternehmen bewiesen, dass es sehr wohl in der Lage war, auch große und kompliziertere Schiffe zu bauen. Zweifelsohne war der Schritt zu einem so anspruchsvollen Produkt wie einem Kreuzfahrtschiff ebenfalls zu schaffen.

Aber reichte der Erfahrungsschatz der Schiffbauer, um eine annähernde Verdreifachung der Schiffsgröße darzustellen? Ließ sich ein solches Großprojekt bewerkstelligen, solange die neue Werft sich noch im Aufbau befand? Und konnte die krisengeschüttelte bundesdeutsche Werftindustrie ein derartiges Prestigeprodukt eigentlich wirtschaftlich erfolgreich bauen? Hatte nicht kurz zuvor der Bremer Vulkan die neue EUROPA für Hapag-Lloyd nur mit einem herben finanziellen Verlust abliefern können?

Blickt man heute auf diese Fragen zurück, so mag man ein wenig schmunzeln. Sieht man sie allerdings aus Sicht des Jahres 1984, so ist ein gewisser Zweifel vielleicht nicht ganz unberechtigt. Die Meyer Werft war zwar bis dato mit allen Herausforderungen gut zurecht gekommen, aber hier

schickte sie sich an, einen noch nie dagewesenen Entwicklungssprung zu versuchen.

Sei dies wie es sei, der Auftrag für ein 42.000 BRT großes Kreuzfahrtschiff für die Reederei Home Lines wurde hereingenommen, und alsbald begann der Bau des Schiffes.

Home Line war ursprünglich kurz nach dem Zweiten Weltkrieg als Konsortium zweier Reedereien unter der Führung des griechischen Großreeders Vernicos Eugenides entstanden. Anfangs hatte das Unternehmen einen Transatlantikdienst von Genua nach Südamerika betrieben, war dann aber dem allgemeinen Verkehrsstrom gefolgt und verband mit seinen Routen sowohl den Mittelmeerraum als auch Nordeuropa mit verschiedenen nordamerikanischen Häfen. In Deutschland hatte

sich Home Lines vor allem mit der ITALIA einen Namen gemacht, die ab 1951 eine regelmäßige Verbindung von Hamburg aus über den Nordatlantik anbot. Die HAPAG war nach dem Zweiten Weltkrieg nicht wieder in dieses Geschäft eingestiegen, fungierte aber für Home Lines vor Ort als Generalagent.

Nach dem Niedergang der Linienschifffahrt hatte Home Lines sich ganz auf das Kreuzfahrtgeschäft von amerikanischen Häfen verlagert. Was dem deutschen Pauschalurlauber lange Zeit Mallorca oder die kanarischen Inseln waren, bedeuteten für den US-Bürger schon frühzeitig Kreuzfahrten zu den Bahamas oder den Bermuda-Inseln, so dass in diesem Sektor trotz der vielen Alttonnage aus der Linienschifffahrt in den 1980er Jahren eine beginnende Nachfrage nach Neubauten zu verzeichnen war, die

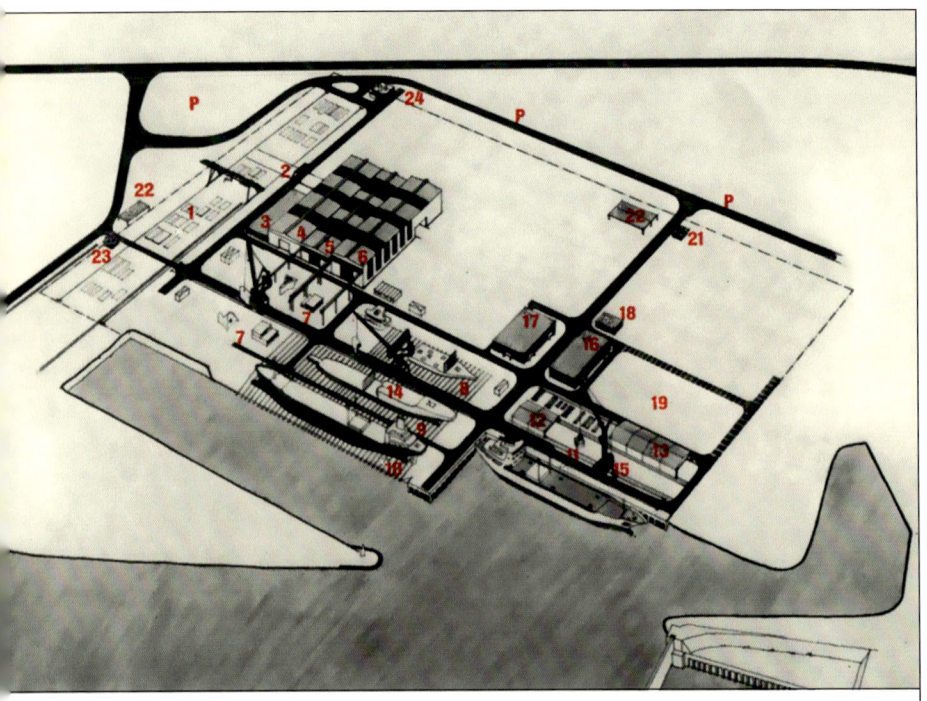

1 Platten und Profillager
2 Quertransport – 40-Tonnen-Kran
3 1:10 Büro, Betriebsbüros-Hallen,
  Sozialräume
4 Platten- und Profilvorfertigung
5 Klein-Sektionsbau
6 Groß-Sektionsbau
7 Sektionslager und Volumenbau
8 Helling I
9 Helling II
10 Stapellaufplatz
11 Ausrüstungskai
12 Schiebehallen für
  Ausrüstungsgewerke

13 Rohrlegerei (vorläufig)
14 120-Tonnen-Kran
15 Ausrüstungskran
16 Sozialgebäude und Magazin
17 Sozialgebäude und
  Betriebsbüros-Helling
18 E-Zentrale B und
  Telefonzentrale
19 Lagerfläche und Platz
  für Unterlieferanten
21 Pförtnerhaus Tor I
22 Fahrradständer
23 Pförtnerhaus Tor II
24 Gaszentrale

1

unter Druck fahren konnte. Auf insgesamt 1.650 Mitarbeiter erhöhte sich seinerzeit die Belegschaft.

Die Entscheidung, in den Bau von Kreuzfahrtschiffen einzusteigen, war die logische Weiterentwicklung der bisherigen Meyer Werft-Spezialität im Passagierschiffbau. Weniger Visionen oder Strategien prägten diese Entscheidung, sondern pragmatisches Nutzen der Möglichkeiten. Niemand konnte absehen, dass die Werft aus Papenburg einmal zu den drei größten Lieferanten von Kreuzfahrtschiffen weltweit zählen würde.

Noch in den 1960er Jahren hatte man in eine Schiffbauhalle auf der alten Werft investiert, die parallel zum Bauhelgen angeordnet den Bau von 60 Tonnen schweren Sektionen zuließ. Eine Taktung der verschiedenen Fertigungsschritte sowohl im Stahlbau als auch in der Ausrüstung ließen die gewachsenen Strukturen der Werft allerdings nicht zu. Eine „grüne-Wiese-Planung" mit einer Materialflussplanung nur in Fertigungsrichtung kombiniert mit einfachen, aber wirkungsvollen Schiffsverschiebeeinrichtungen an Land gaben der neuen Werft ein völlig anderes Gesicht.

Am neuen Standort entstand das, was die Fachwelt später als erste „Kompaktwerft" lobte – ein leistungsfähiges, hocheffizientes Unternehmen auf vergleichsweise geringer Fläche.

Spätestens mit dem Bau der HOMERIC wurde allerdings deutlich, dass mit den bisherigen Baumethoden Grenzen erreicht waren. Mehr als je zuvor hatte man bei dem Neubau auf Vorfertigung und Vorausrüstung gesetzt. Bereits vor dem Stapellauf sollte ein Großteil der Ausrüstung an Bord genommen werden. Es musste stetig Material unter freiem Himmel zugeliefert werden. Im Falle der HOMERIC musste man insbesondere im Winter 1984/85 gegen erschwerte Wetterbedingungen kämpfen.

Dennoch war das Schiff mit der Baunummer S. 610 am 28. September 1985 bereit für den Stapellauf. Die HOMERIC war zu diesem Zeitpunkt stahlbaulich schon bis in den Bereich der oberen Decks fertiggestellt. Die Maschinenanlage befand sich an Bord, und bis Deck 5 waren sogar die Passagierbereiche weitgehend eingerichtet. Landseitig war sie bereits bis in Höhe des Bootsdecks weiß gemalt mit einem umlaufenden blauen Streifen. Ihr Ablaufgewicht betrug immerhin 16.000 Tonnen. Nie zuvor (und nie mehr danach) ist ein so großes Schiff quer vom Stapel gelaufen. Entsprechend zahlreich war das Publikum, das Zeuge dieses spektakulären Ereignisses werden wollte. Und entsprechend hoch ging der Wasserschwall, den die HOMERIC bei ihrer glücklichen Fahrt ins Wasser aufwarf.

mit den steigenden Ansprüchen gut betuchter Passagiere Schritt halten konnten.

Für die Meyer Werft bedeuteten die neuen Aufgaben zunächst eine weitere Aufstockung des Personalbestandes, denn etwa zeitgleich mit dem neuen Kreuzfahrer baute man mit der 30.000 m³ großen DONAU seinerzeit den weltgrößten Tanker, der die Ladung sowohl gekühlt als auch

1 Entwurf für das erste Layout
der neuen Kompaktwerft.
2 Die HOMERIC kurz vor dem Stapellauf.
3 Der spektakuläre Stapellauf
am 28. September 1985.

Mittschiffs reichte die Welle bis in Höhe des verglasten Promenaden-decks unterhalb des Bootsdecks. Manch unvorsichtiger Zuschauer, der zu nah am Ufer stand, mag nasse Füße bekommen haben.

Nach dem Stapellauf dauerte es nur noch drei Monate, bis die HOMERIC bereit für die ersten Probefahrten war. Nach Weihnachten 1985 wurde sie mit Schlepperhilfe die Ems hinab zur Nordsee überführt. Dem Nadel-öhr der Eisenbahnbrücke bei Weener war man zwischenzeitlich durch eine eigentlich recht simple Lösung beigekommen: Einige Nieten waren durch Schrauben ersetzt worden, so dass man bei Bedarf die komplette mittlere Brückensektion mit Hilfe eines Schwimmkrans einfach aushängen konnte. Damit entstand in der Flussmitte eine Durchfahrtsöffnung, die auch heute noch ausreichend ist.

So erreichte die HOMERIC zunächst ohne Schwierigkeiten das offene Meer, wo sie drei Tage lang ausführlich getestet wurde. So wurden die Funktionalität der Haupt- und Hilfsmaschinen getestet, die nautischen Instrumente für den Hochseebetrieb kalibriert, die Geschwindigkeit, Bremswege, Wendekreis und ähnliches ermittelt und insbesondere auf das Schreckgespenst eines jeden Passagierschiffes – die Vibrationen – geachtet. Abschließend wurde berichtet, alle Tests seien zur vollsten Zufriedenheit von Reederei und Werft verlaufen.

Bemerkenswert ist allerdings, dass die HOMERIC nach den Erprobungen zur Endausrüstung zur Meyer Werft zurückkehrte. Und hierbei offenbarte sich das nächste Hindernis zwischen Werft und Meer. Bei Leer überspann-te im Verlauf der Bundesstraße 436 die Jann-Berghaus-Brücke die Ems. Zwar ließ sie bei einer Durchfahrtsbreite von 31 Metern der HOMERIC einen Spielraum von einem Meter auf jeder Seite, aber bei der Rückfahrt kam es dennoch zur Kollision des Schiffes mit der Brücke.

Glücklicherweise blieb es bei einer Schramme, die schnell wieder be-seitigt werden konnte. Und ebenfalls glücklicherweise – zumindest aus Sicht der Werft – stellte sich die Jann-Berghaus-Brücke bald nach dem Vorfall als baufällig heraus und wurde nach wenigen Jahren durch eine neue Klappbrücke mit breiterer Durchfahrt ersetzt.

Mit der Rückkehr zur Meyer Werft ging der Bau der HOMERIC in seine letzte Runde. Im April 1986 passierte sie abermals die Ems – diesmal ohne unliebsame Zwischenfälle, dafür aber mit umso mehr schaulustigem Pu-blikum. „Bei Papenburg schien es, als sei die Ems vollständig von dem großen Schiff ausgefüllt", beschrieben die Chroniker Eilers und Kiedel die Passage.

Der Neubau eines Kreuzfahrtschiffes in Deutschland war in den 1980er Jahren ein seltenes Ereignis, dass sich die „Sehleute" nicht entgehen lassen wollen. In der Tat spricht es Bände für den damaligen Zustand der bundesdeutschen Werftindustrie, dass in der Presse hervorgeho-ben wurde, die Meyer Werft habe die HOMERIC erfolgreich abliefern können.

Zur abschließenden Untersuchung wurde der Neubau noch einmal bei Blohm + Voss in Hamburg gedockt und auf Schäden durch eine eventu-elle Grundberührung bei der Emsüberführung untersucht.

Am 6. Mai 1986 schließlich konnte die HOMERIC erfolgreich an Home Lines übergeben werden. Der Bau von Kreuzfahrtschiffen in Papenburg hatte seinen Anfang genommen.

Mit 42.092 BRZ war die HOMERIC zum Zeitpunkt ihrer Ablieferung das größte je in Deutschland gebaute Kreuzfahrtschiff. Der Begriff Kreuz-fahrtschiff muss hier insofern betont werden, als dass das größte bis dahin in Deutschland gebaute Passagierschiff mit 56.551 BRT der 1922 fertig gestellte Transatlantikliner BISMARCK war. Aber – um es vorweg zu nehmen – auch diesen Rekord sollte die Meyer Werft noch brechen.

Mit der Ablieferung der DONAU und der HOMERIC hatte die Meyer Werft bewiesen, dass sie auch beim Bau von ganz großen Schiffen mitmi-schen konnte – hatte aber auch erkennen müssen, dass dies auf Dauer nicht ohne weitere Investitionen ging. Und so wurde noch vor der Ab-lieferung der HOMERIC der nächste logische Schritt gegangen und mit Planung und Bau einer Baudockhalle begonnen.

Auch hier bemühte man sich, bereits gemachte Erfahrungen bestmöglich einfließen zu lassen, die neue Halle an die bestehende Infrastruktur der Werft anzuschließen und auch einer zukünftigen Größenentwicklung Rechnung zu tragen. Die so auf der Kompaktwerft entstehende Bau-dockhalle I war schlussendlich nicht weniger als das seinerzeit größte überdachte Trockendock der Welt.

1 Die Kollision der HOMERIC mit der Jann-Berghaus-Brücke bei Leer zeugte von den beengten Verhältnissen auf der Ems.

Die Farb- und Formenwelten des Jahres 1986 (hier Bar **1**, Lounge **2**, Restaurant **3** und Cardroom **4**) auf der HOMERIC entsprechen heutzutage nicht mehr jedermanns Verständnis von gutem Geschmack. Wie wird man wohl in einem Vierteljahrhundert bewerten, was heute an Bord modern ist?

1 Der Bau der weltgrößten Schiffbauhalle 1987 war ein einschneidendes Ereignis in der Entwicklung der Meyer Werft.
2 Entwurf für den Ausbau der Meyer Werft mit überdachtem Baudock.

Mit der 270 Meter langen, 101,5 Meter breiten und stolze 60 Meter hohen Halle entstand ein weithin sichtbares Wahrzeichen der Werft. Aus der Vogelperspektive wirken die ebenfalls recht großen älteren Vorfertigungshallen, die an das neue Bauwerk anschließen, fast klein.

Im Inneren der Halle legte man ein Dock von 258 Meter Länge und 40 Meter Breite an.

Fortan konnten Sektionen, die in den schon zuvor bestehenden Hallen gefertigt worden waren, in die Baudockhalle verbracht und dort auf dem sogenannten Blockbaubereich (Zulage) abgesetzt werden. Dieses Areal erstreckt sich über die komplette Länge der Halle und ist mit 40 Metern ebenso breit wie das parallel verlaufende Dock.

Auf der Zulage werden mehrere Sektionen zu größeren Einheiten verbunden, die man Blöcke nennt. Mit Hilfe eines 600-Tonnen-Krans, der die komplette Halle überspannt, können die Blöcke ins Baudock gehoben werden, um dort zu einem Schiff zusammengebaut zu werden.

Mehrere kleinere Kräne dienen dabei in den einzelnen Bereichen für alle anderen anfallenden Arbeiten. Um den Arbeitern die Orientierung zu erleichtern, sind alle Kräne nach Vögeln benannt. So gibt es in der Halle Namen wie Mönchsgeier, Milan, Pelikan, und der größte Kran hört auf den Namen des Vogels mit der größten Spannweite: Condor.

Bald schon zeigte sich, dass die Entscheidung zum Bau der neuen Halle gut und richtig gewesen war. Schon wenige Monate nach der Ablieferung der HOMERIC konnte der Auftrag für ein weiteres Kreuzfahrtschiff gebucht werden.

Und wieder waren es die Griechen, die den frischgebackenen Kreuzfahrtschiffbauern aus Papenburg das Vertrauen erwiesen. Als Inselstaat ist Griechenland von jeher seefahrende Nation gewesen, und auch wenn die moderne Kreuzfahrtindustrie heute fest in amerikanischer Hand ist, so hat sie ihre Wurzeln doch in Europa – und ganz besonders in Skandinavien und Griechenland.

2

Auftraggeber für Baunummer S. 616, das Kreuzfahrtschiff CROWN ODYS-SEY, war die Royal Cruise Line. Die Reederei war 1971 von dem Griechen Periklis Panagopoulos gegründet worden.

Anders als andere griechische Kreuzfahrtreeder seiner Zeit, die auf den Umbau gebrauchter Tonnage setzten, zielte Panagopoulos von Anfang an auf eine Klientel ab, der das Beste gerade gut genug war. Die CROWN ODYSSEY sollte sein ultimatives Flaggschiff werden – in den Worten der Reederei das „luxuriöseste Schiff der Welt". Konnte es denn für die Werft ein schöneres Projekt geben, um damit die neue Baudockhalle in Betrieb zu nehmen?

Die Halle war noch nicht ganz fertiggestellt, als am 30. April 1987 der große 600-Tonnen-Kran in einer festlichen Zeremonie den Kiel der CROWN ODYSSEY legte. Wobei der Begriff der Kiellegung hier streng genommen nicht mehr ganz zutreffend ist. In alter Zeit legte man in der Tat zunächst auf dem Helgen den Kiel, an den dann der Rest des Schiffes „angebaut" wurde.

Im modernen Sektionsbau ist die Kiellegung üblicherweise der Moment, wenn der erste Block des Neubaus im Trockendock abgelegt wird.

So geschah es auch bei der CROWN ODYSSEY. Und indes die Baudockhalle kurz darauf fertiggestellt war, wuchs auch der Schiffskörper bald heran. Bereits einige Zeit später war er bereit zum Aufschwimmen – der modernen Entsprechung des Stapellaufes, bei dem der Schiffsrumpf zum ersten Mal mit dem Wasser in Berührung kommt. Bei der nur wenig größeren HOMERIC hatte die Werft noch über ein Jahr von der Kiellegung bis zum Stapellauf gebraucht. In einer Skizze wurde seinerzeit illustriert, dass man bei der HOMERIC immerhin noch 103 Sektionen auf dem Helgen hatte zusammensetzen müssen. Hätte man bereits das neue Baudock besessen, hätten 40 Blöcke ausgereicht.

So wurde die Einweihung des Docks – und mit ihr das Aufschwimmen der CROWN ODYSSEY – am 1. November 1987 auch in einem großen Festakt mit rund 5.000 Gästen gefeiert.

Nach dem Aufschwimmen wurde die CROWN ODYSSEY von Schleppern durch das riesige Docktor bugsiert und verholte zur Endausrüstung an die Ausrüstungspier. Hier wurde sie im Mai des folgenden Jahres von der Tochter des Reederei-Vorsitzenden getauft. Die Probefahrten verliefen reibungslos und ohne unvorhergesehene Zwischenfälle, und am 2. Juni 1988 konnte die CROWN ODYSSEY an ihren Eigner übergeben werden.

Sehen wir uns an dieser Stelle die ersten beiden Kreuzfahrtschiffe der Meyer Werft ein wenig genauer an. Auch wenn HOMERIC und CROWN ODYSSEY natürlich voll ausgereifte Schiffe waren, die bis heute erfolgreich im Dienst sind, so waren sie gleichzeitig für die Werft Prototypen für diese Art Schiffstyp. Bei der HOMERIC hatte man sich erstmals überhaupt an einem Kreuzfahrer versucht. Der Bau der CROWN ODYSSEY half, Erfahrungen mit den neuen Werftanlagen zu sammeln.

Und im optischen Vergleich beider Schiffe sieht man bereits eine Entwicklung. Die HOMERIC kam noch recht konservativ daher, so als habe man keine unnötigen Experimente eingehen wollen. Vorschiff und Brücke sind in der Formensprache klassisch gehalten. Die Aufbauten beginnen mit einem abgerundeten Kasten, der nicht ganz zum Rest des Schiffes passen will. An ihn schließt sich der Poolbereich mit rundum verglasten Windschutzwänden und einem sogenannten Magrodome gefolgt von einem schlicht gehaltenen Schornstein mit seitlichen Windschaufeln, um Abgase möglichst schnell vom Schiff abzuleiten. Das achtern gelegene Sonnendeck mit offenem Swimmingpool ragt seitlich in der Anmutung eines Flugdecks über den Rumpf hinaus. Am Heck schließlich wirkt der ansonsten durchaus geschwungene Schiffsrumpf wie mit dem Messer abgeschnitten – ebenfalls ein Merkmal für Passagierschiffe dieser Ära. Bemerkenswert ist aus heutiger Sicht, dass die HOMERIC noch ein „richtiges" Bootsdeck mit einer Promenade unterhalb der Rettungsboote besaß.

An der mit 34.242 BRZ etwas kleineren CROWN ODYSSEY ist dann bereits ein deutlicher Entwicklungssprung abzulesen. Zwar ist auch ihr Rumpf

1 Die CROWN ODYSSEY im Bau. Die umgebende Halle gleicht noch einer Baustelle.
2 Die Royal Cruise Line bezeichnete die CROWN ODYSSEY seinerzeit als luxuriösestes Kreuzfahrtschiff der Welt.
3 Pooldeck der CROWN ODYSSEY.

zeittypisch geschwungen mit einem abgeschnittenen Heck, aber die Aufbauten darüber wissen durch eine insgesamt flüssigere Linienführung zu gefallen. Das oberste durchgehende Deck ist zwar in unterschiedliche Bereiche getrennt, folgt aber außen einer durchgehenden Linie, die erst achtern durch einen eleganten gläsernen Windschutz umfangen wird. Dieser zieht sich an den zwei folgenden Decks in Richtung Heck herunter und bildet so den Abschluss zu dem davor liegenden Bootsdeck. Auch dieses besitzt noch eine Promenade, ist aber mehr in die gesamte Silhouette des Schiffes integriert. Durch angeschrägte vertikale Linien wird

eine fast schon yachtartige Anmutung erreicht. Über allem thront – passend zum Namen des Schiffes – vorn die verglaste Aussichtslounge wie eine Krone. Die Windschaufel ist in einer ansteigenden Form in den weiter achtern stehenden Schornstein integriert, so dass eine gewisse Windschnittigkeit erreicht wird.

Sieht man sich an Bord der CROWN ODYSSEY um, so fällt auf, wie wenig im Jahre 1988 nötig war, um das vorgeblich luxuriöseste Schiff der Welt in Fahrt zu bringen. Zwar wird die Anzahl der Gesellschaftsräume mit elf angegeben, doch das Zentrum sozialen Lebens an Bord war eindeutig

Deck 7 mit seiner Folge dreier besonders großer Bereiche: Unterhaltung in der Showlounge vorn, Tanz im Yacht Club achtern und beides verbunden durch das Casino mit angrenzenden Boutiquen. Hier gab es eine Freitreppe mit gläserner Balustrade in das ein Deck tiefer gelegene „Forum", das als Foyer zum achtern gelegenen Restaurant diente. Dieses nahm fast die komplette hintere Schiffshälfte ein; gespeist wurde dennoch in zwei Sitzungen. Ergänzt wurde das Angebot durch einige Bars, Wellness-Bereiche und die Aussichtslounge Top of the Crown, die mit ihrer Rundumsicht etwas abseits des Schiffsbetriebs sicher ein beliebter Rückzugsort war.

Die Standardkabinen waren mit 15–16 m² eher knapp bemessen und luden dazu ein, sich in den Gesellschaftsräumen aufzuhalten, aber neben größer geschnittenen Suiten bot die CROWN ODYSSEY immerhin 16 Appartements auf dem höchsten Deck an, in deren 40 m² man sich schon etwas mehr ausbreiten konnte und – damals ein Symbol von wahrhaftem Luxus – die sogar über einen Balkon verfügten.

Bereits im November 1989 verkaufte Periklis Panagopoulos die Royal Cruise Line übrigens an die Knut-Kloster-Gruppe, um sich mit nur 55 Jahren in den Vorruhestand zu verabschieden. Er stieg allerdings später wieder in die Fährschifffahrt ein und ist dort bis heute eine prominente Persönlichkeit. Die Royal Cruise Line ging schließlich in der zu Kloster gehörenden Norwegian Cruise Line auf, und die CROWN ODYSSEY wurde in NORWEGIAN CROWN umgetauft.

Diese Vorgänge hatten für die Meyer Werft insoweit Relevanz, als dass man mit Panagopoulos lange über ein Schwesterschiff verhandelt hatte.

Zwar hatte man noch ein Passagierschiff für Indonesien im Bau und hatte just den Auftrag für die Verlängerung der DFDS-Fähre DANA GLORIA erhalten. Aber nach den jüngsten Erfolgen und der Ausweitung der Produktionsanlagen konnte das freilich weder befriedigen noch die fast 1.700 Mitarbeiter auslasten.

So mag nicht nur unter der Belegschaft der Meyer Werft sondern auch in der ganzen Region manch einer erleichtert aufgeatmet haben, als im April 1988 ein neuer Auftrag für ein großes Kreuzfahrtschiff bekanntgegeben werden konnte. Und wieder waren es die Griechen, die die Arbeit nach Papenburg brachten. Und kurioserweise gab es auch in diesem Fall eine Verbindung zum ersten Kreuzfahrer der Meyer Werft, der HOMERIC.

1 Decke aus Tiffany-Glas und viele glänzende Oberflächen: Das Atrium der CROWN ODYSSEY im Chic der Zeit.
2 Standardkabine auf der CROWN ODYSSEY.

Deren Reederei Home Lines war nämlich zwischenzeitlich von der Holland America Line aufgekauft worden, einer der ältesten Reedereien der Welt. Diese hatte kein Interesse daran, die bisherigen regelmäßigen Reisen zu den Bermudas fortzuführen und zog die nunmehr in WESTERDAM umbenannte HOMERIC in andere Fahrtgebiete ab.

An dieser Stelle sei angemerkt, dass die Behörden der Bermudas die Zahl maximaler Tagestouristen bzw. besuchender Kreuzfahrtschiffe strikt reglementieren. So existierten in den 1980er Jahren fünf Vorzugskontrakte, mit denen die Behörden es Kreuzfahrtreedern gestatteten, nach Belieben anzulaufen und ihnen bevorzugte Abfertigung in den Häfen einräumten. Im Gegenzug hatten die Reeder sich zu verpflichten, mit ihren Schiffen die Bermudas zwischen April und Oktober regelmäßig anzulaufen.

Nachdem die Holland America Line sich nicht zur Fortführung dieser ansonsten gefragten Kontrakte entschlossen hatte, bewarb sich die griechische Reederei Chandris darum.

Dessen Zweiggesellschaft Chandris Cruises war 1960 von Dimitri Chandris gegründet worden. Wie andere griechische Reeder seiner Zeit hatte er kostengünstige Kreuzfahrten mit gebrauchten Ozeanlinern angeboten und damit das untere Preisspektrum des US-amerikanischen Marktes bedient.

Damit brachte Chandris zwar durchaus das nötige Know-how für den Kreuzfahrtbetrieb mit, die Behörden der Bermudas erachteten die Schiffe der Reederei allerdings als zu alt und nicht standesgemäß für die Erfüllung des Kontraktes. Die älteste Einheit der Flotte datierte immerhin von 1932. Die Gebrüder John und Michael Chandris, die inzwischen die Geschicke des Unternehmens steuerten, zögerten nicht lange und gewannen den Bermuda-Kontrakt durch die Zusage, eine neue Reederei für das Premiumsegment zu gründen.

Der Zuschlag wurde erteilt, und die Gebrüder Chandris gründeten die Tochtergesellschaft Celebrity Cruises mit Sitz in der Kreuzfahrt-Hauptstadt Miami, um ab 1990 regelmäßig die Bermudas anzusteuern.

Mit der Meyer Werft wurde man sich schnell über den Bau eines innovativen Fünf-Sterne-Schiffes für die Ablieferung Mitte 1990 einig. Am 28. April 1988 – wenige Wochen vor Ablieferung der CROWN ODYSSEY – verkündeten Celebrity Cruises und die Meyer Werft den Bauauftrag über ein 45.000 BRZ großes Kreuzfahrtschiff und damit erneut einen bevorstehenden Größenrekord. „Europäische Eleganz wird das Dekor und den Service an Bord unseres Schiffes bestimmen", sagte Reederei-Direktor Haralambopoulos anlässlich der Vetragsunterzeichnung. „Chandris beherrscht die Kunst, ein Qualitätsprodukt für den Massenmarkt zu liefern Mit diesem neuen Schiff wird ein hoher Standard für die neue Generation von Schiffen geschaffen."

Wenn es also eine Vorgabe für den Neubau Nr. S. 619 gab, dann diese: der Welt zu zeigen, wie ein Luxusschiff der 90er aussieht.

Nebst dieser neuen Erprobung des Könnens der Papenburger Schiffbauer ergab sich wenige Wochen später die nächste Herausforderung an die Werft und ihre Arbeiter: Die Holland America Line beauftragte die Meyer Werft „ein schon jetzt ausgezeichnetes Schiff noch wesentlich zu verbessern", wie sich der Vorstandsvorsitzende der Reederei, Nico van der Vorm, auszudrücken wählte. Hinter diesen Worten verbarg sich der bevorste-

hende Besuch einer gar nicht so alten Bekannten an ihrem Geburtsort: Holland America hatte sich entschlossen, die nunmehr in WESTERDAM umbenannte HOMERIC durch Einfügen einer neuen, 39 Meter langen Mittelsektion an die eigenen Bedürfnisse anzupassen.

Dieser Auftrag bedeutete auf absehbare Zeit Hochbetrieb in der großen Baudockhalle: Nach der Ablieferung der TIDAR für Indonesien und der Verlängerung der DANA GLORIA hatte man nur 15 Monate Zeit bis zum Termin für das Aufschwimmen des Celebrity-Neubaus, da das Dock anschließend für die WESTERDAM benötigt wurde.

Tatsächlich klappte das Zusammenspiel der Beteiligten wie am Schnürchen. Um die selbst gesteckten, hohen Ansprüche erreichen zu können, ergänzte Celebrity Cruises das Know-how der Meyer Werft durch die Beauftragung des britischen Schiffsarchitekten Jon Bannenberg, der bereits das Design der legendären QUEEN ELIZABETH 2 mitgeprägt hatte.

Was so unter dem Schutz der Baudockhalle auf der Meyer Werft heranwuchs, erhielt von den Beobachtern des Ausdockens im November 1989 Applaus. In der Tat schien der Werft ein ganz besonderes Schiff gelingen zu wollen.

Der Weiterbau der HORIZON erfolgte an der Ausrüstungspier. Die WESTERDAM wurde derweil wie geplant in das Baudock geschleppt, das es zum Zeitpunkt ihrer Ablieferung wenige Jahre zuvor noch nicht gegeben hatte. Hier wurde das Schiff fachgerecht zwischen dem Schornstein und dem Magrodome zerteilt und ohne Wasser unter dem Kiel um fast vierzig Meter auseinander gezogen. Mit Hilfe des großen 600-Tonnen-Krans wurden dann die Blöcke der neuen Mittelsektion eingefügt, womit eine Erhöhung der Passagierkapazität und eine Erweiterung der Gesellschaftsräume erreicht wurde. Die spektakulärste Veränderung des zuvor eher konservativen Layouts des Schiffes war sicherlich die Einrichtung einer Showlounge über zwei Decks.

Als die WESTERDAM im Frühjahr 1990 die Baudockhalle verließ, war sie auf stolze 53.872 BRZ angewachsen und entthronte damit gewissermaßen noch vor Ablieferung die HORIZON als bis dahin größten Neubau der Werft. Mit einer Länge von gut 243 Metern war sie auch das längste Schiff, das je die Ems befahren hatte. Und sie war der bis dahin weltweit größte Umbau dieser Art.

Auch äußerlich stand ihr die Verlängerung gut zu Gesicht, wirkte sie doch in ihrer neuen Form gestreckter und nicht mehr so klobig. Seite

1 Ein Schiff wird verlängert. Der 600-Tonnen-Kran „Condor" setzt die neue Mittschiffssektion der WESTERDAM ein.
2 3 Aus der Vogelperspektive ist die Transfomation der HOMERIC zur WESTERDAM besonders gut erkennbar.

an Seite mit der HORIZON, die zu diesem Zeitpunkt in die Endausrüstung ging, war offensichtlich, dass die beiden Schiffe unterschiedlichen Baugenerationen angehörten.

Die nunmehr 46.811 BRZ messende HORIZON wurde noch vor Übergabe im Rahmen eines Festaktes am 11. April 1990 von der Ehefrau von Reedereigründer Dimitri Chandris getauft. Wenige Tage später trat das Schiff die Emsüberführung an.

Nach den erfolgreichen Erprobungen des Neubaus in der Nordsee folgte am 30. April 1990 die Übergabe an Celebrity Cruises.

Dem internationalen Publikum präsentierte sich die HORIZON mit einer dezenten, aber eindeutigen und selbstbewussten Linienführung. So war sie einer der ersten Vertreter jener neuen Generation von Schiffen, die nach der Devise gebaut wurden, dass ein Schiff zwar Rundungen haben muss, wo hydrodynamische Zwecke es erfordern, es aber darüber hinaus

durchaus Ecken und Kanten haben darf. Sofern sie denn ins Gesamtbild passen, mag der Ästhet hinzufügen.

Bei der HORIZON ist der Bogen gekonnt geschlagen worden. Einem schwungvoll gerundeten Bug folgten Aufbauten mit vielen Kanten und Winkeln.

Die Brücke – seinerzeit eher noch ein Novum – war vollständig verglast und verzichtete auf offene Brückennocken.

Die Achterdecks fielen vom Schornstein her gesehen in Form einer Treppe in Richtung Heck ab, so dass hier für großzügige Außendecks zum Sonnen und für andere Aktivitäten gesorgt war.

Der Rumpf dazwischen war für den Kenner als im Baudock gefertigt zu erkennen. Wo traditionell vom Stapel gelaufene Schiffe aus Gründen der Stabilität in der Regel einen sogenannten Deckssprung (zum Bug und Heck ansteigende Decks) benötigen, verliefen die großzügigen Fenster der HORIZON in einer schnurgeraden Linie parallel zur Wasseroberfläche. Durch Aufbringung eines nach achtern breiter werdenden dunkelblauen Streifens und eines ähnlichen Bereiches im unteren Rumpfbereich, wurde der HORIZON dennoch eine optische Dynamik verliehen, die die Assoziation „sprungbereite Katze" weckte. Unterhalb der Rettungsboote gab es ein Promenadendeck mit dahinter zurückstehenden Aufbauten, so dass dieser Bereich sich eher unauffällig in die Silhouette des Schiffes einfügt. Hauptmast und Rauchgasabzüge waren in Form zahlreicher Rohre in einem mutigen Winkel nach hinten geneigt. Anstelle eines klassischen

Schornsteins wurden die Rauchgasabzüge nur mit einer Art Gitter versehen, so dass ein Bild von moderner Leichtigkeit erreicht wurde. Die Seiten dieses dunkelblauen Schornsteins wurden durch ein großes weißes X geziert, den griechischen Buchstaben *chi* für Chandris.

Das frische Erscheinungsbild der HORIZON machte neugierig auf die Ausstattung ihrer Innenräume, und auch hier war der moderne Look konsequent fortgesetzt worden. Der griechische Innenarchitekt Kazourakis war von Chandris mit dieser Aufgabe beauftragt worden. Aus heutiger Sicht sind die HORIZON und ihr im Oktober 1989 in Auftrag gegebenes Schwesterschiff ZENITH freilich zu den Vertretern der etwas technokratischen Einrichtung der frühen 1990er zu zählen. Bei ihrer Premiere waren aber beide voll auf der Höhe der Zeit.

Und auch der Anteil an Raum, der den Passagieren zum Zeitvertreib zur Verfügung gestellt wurde, konnte sich sehen lassen. Über insgesamt vier Decks erstreckten sich die Gesellschaftsräume, zählt man das Sonnendeck mit, auf dem auch ein großzügiger Wellnessbereich mit mehreren Whirlpools, Saunen, einem Fitnessraum und Behandlungsräumlichkeiten lockten. Ebenfalls zur eher aktiven Tagesgestaltung lud das darunter liegende Marina Deck mit großem Poolbereich und einem Café sowie einer Bar mit Meerblick ein.

Im Anschluss an zwei Decks mit Kabinen fanden Reisende die anderen beiden Decks mit Gesellschaftsräumen vor, die wiederum kulinarischen und kulturellen Genüssen dienten. Immerhin über zwei Decks erstreckte sich dabei die Celebrity Show Lounge.

Typisch kühl für den Geschmack der Zeit waren auch die Kabinen eingerichtet – überwiegend in Buchenholz-Optik und mit viel gefrostetem Glas. Auf der HORIZON waren die größten Unterkünfte die 31 m² großen Präsidenten-Suiten. Auf dem Schwesterschiff ZENITH erreichten diese immerhin bereits 48 m², also die Größe manch einer Zwei-Zimmer-Wohnung an Land. Und in der Tat boten diese Suiten zwei Zimmer in Form eines Schlaf- und eines Wohnbereichs, die durch eine Wand aus gefrostetem

1 Die von Jon Bannenberg gestaltete HORIZON, hier vor der Skyline New Yorks, war ein radikaler Bruch mit althergebrachten Formen im Schiffbau.
2 Der Außenpool der HORIZON.
3 Auf der HORIZON prägten helle Farben und ein kühles, modernes Ambiente die Einrichtung, wie hier in der Präsidenten-Suite.

Glas voneinander getrennt waren. Dazu werden diese teuersten Unterbringungen an Bord mit einem Marmorbad und einen begehbaren Kleiderschrank ausgestattet. Balkone hatten die beiden Neubauten nicht, aber da diese noch nicht zum Standard zählten, wurden sie weder von der Fachpresse noch von den Reisenden vermisst.

Ein Blick unter die Wasserlinie zeigte auch dort ein wohlüberlegtes Konzept. Der Antrieb mit Dieselmaschinen entsprach dabei dem Marktstandard, war aber (wie auch schon bei der HOMERIC und der CROWN ODYSSEY) auf eine gewisse Flexibilität ausgelegt. HORIZON und ZENITH wurden angetrieben durch eine sogenannte Vater-und-Sohn-Maschinenanlage mit vier Motoren. Dabei wirkten jeweils ein stärkerer und ein schwächerer Motor zusammen über ein Getriebe auf je eine Schrauben-

welle, so dass je nach Bedarf die größere oder die kleinere oder auch die volle Leistung beider Motoren abgerufen werden konnte. Weitere Dieselmaschinen dienten der Stromerzeugung, und die Pressemitteilung der Meyer Werft anlässlich der Indienststellung der ZENITH 1992 gab bekannt, dass damit eine Stadt von 34.000 Einwohnern mit Strom versorgt werden könne – etwa die Größe Papenburgs.

Für die beiden Neubauten legte man Wert auf hervorragende Manövriereigenschaften. Dies wurde erreicht durch eine Kombination aus Bug- und Heckstrahlrudern, Verstellpropellern und einer patentierten Ruderanlage des Hamburger Zulieferers Becker. Dessen als Flossenruder bezeichneten Steuerhilfen bestehen aus einem normalen senkrecht vom Rumpf nach unten ragenden Spatenruder, an dessen hinteren Ende

1 Flossenruder des Herstellers Becker, Verstellpropeller und Querstrahlruder (hier durch Ruder und Propeller verdeckt) machten die ZENITH zu einem der wendigsten Schiffe ihrer Zeit.
2 Moderner Schiffbau Anfang der 90er: Der 600-Tonnen-Kran in der Baudockhalle hievt den nächsten vorfabrizierten Block der ZENITH heran.

eine gelenkige Flosse befestigt ist, die den Einschlag des Ruders verstärkt. Annähernd fünfzig Prozent des Propellerschubs wird damit bei vollem Einschlag in Querströmung umgewandelt.

Noch während des Baus der HORIZON erkannte man auf der Meyer Werft, dass noch effizientere Produktionsmethoden für zukünftig anstehende Aufgaben benötigt wurden. Insbesondere die gleichzeitige Arbeit an HORIZON und WESTERDAM hatte gezeigt, dass es eigentlich wünschenswert sei, im überdachten Baudock an zwei Schiffen gleichzeitig arbeiten zu können. Oder – um es präziser zu sagen – zeitversetzt an anderthalb Schiffen.

In der Konsequenz wurde die Baudockhalle mitsamt Dock bis 1991 um einhundert Meter verlängert. Dies geschah während des laufenden Betriebes, während man gleichzeitig an der ZENITH arbeitete.

So hatte man in Zukunft die Möglichkeit, an einem Rumpf zu arbeiten, der bereits seine volle Länge erreicht hatte, während gleichzeitig im wasserabgewandten Teil des Docks bereits mit dem Zusammenfügen erster Blöcke für den nächsten Neubau begonnen wurde. Um beim Fluten des Docks zu verhindern, dass ein unfertiger Neubau unter Wasser geriet, lassen sich beide Teile des Docks durch eine versetzbares Tor voneinander trennen, die gleichzeitig den Werftarbeitern als Brücke über das Dock dient und so auf ihre Weise zum Konzept der kurzen Wege beiträgt.

Die ZENITH absolvierte im Februar 1992 ihre Emsüberführung. Dabei musste sie bei Leerort einige Stunden an den Dalben vertäut auf die nächste Flutwelle warten, auf welcher sie dann erfolgreich nach Emden, dem Standort für die anstehenden Probefahrten, verbracht wurde.

2

1 15. Februar 1992: Taufakt für die ZENITH.
2 Mit den Schwesterschiffen ZENITH (hier abgebildet) und HORIZON setzte die Meyer Werft neue Akzente.

Und noch vor Übergabe an Celebrity Cruises gelangte sie zu frühzeitigem Fernsehruhm, als ein Kandidat in der Fernsehshow „Wetten dass ...?" mit Thomas Gottschalk wettete, dieser würde es nicht schaffen, die Besatzung der ZENITH bis Ende der Sendung auf die Bühne zu kriegen.

Da sich das Schiff zu diesem Zeitpunkt bereits anschickte, aus Emden auszulaufen, mag man ahnen, dass der Gewinn der Wette durch den Moderator nicht ganz kostenfrei erlangt werden konnte. Aber die Publicity sowohl für den Industriestandort Papenburg als auch für die immer noch stückweise mit dem Image der schwimmenden Altenheime behafteten Kreuzfahrtindustrie dürfte es allemal wert gewesen sein.

Die ZENITH wurde am 2. März 1992 an eine zufriedene Reederei Celebrity Cruises übergeben. Mit ihrer Länge von knapp 208 Meter lag sie gleichauf mit ihrem Schwesterschiff. Durch eine Verlängerung der oberen Decks war sie allerdings mit 47.255 BRZ ein wenig größer.

Mit den eleganten Schwestern HORIZON und ZENITH hatte die Meyer Werft bewiesen, dass sie nicht nur Kreuzfahrtschiffe bauen, sondern auch Trendsetter kreieren konnte. Und in diesem Sinne ist auch die Überschrift des folgenden Kapitels zu verstehen.

TRENDSETTER DER 90ER-JAHRE

Mit ihren ersten Kreuzfahrtschiffen hatte die Meyer Werft nicht nur der Welt bewiesen, dass deutscher Schiffbau auch am Ende des 20. Jahrhunderts noch in der Lage war, profitabel Schiffe zu bauen, die internationalen Ansprüchen gerecht wurden. Auch hatte das Unternehmen gezeigt, dass es steigende Anforderungen meistern konnte und die nötigen Veränderungen nicht scheute. Bernard Meyer und sein Team waren ihrer Überzeugung gefolgt, dass Erfolg auch eine Frage der Investitionen in Personal und Material ist. So war nicht nur die Belegschaft angewachsen, sondern man hatte auch begonnen, sich die Ausbaureserve der neuen Werft zunutze zu machen.

In den 1990er-Jahren musste die Meyer Werft dann beweisen, dass sie nicht nur auf Anforderungen im Zusammenhang mit Neubauten anpassungsfähig reagieren konnte, sondern darüber hinaus auch Probleme lösen konnte, die sich ihr in den Weg stellten.

Dies hatte sich bereits beim Bau der beiden Schiffe für Celebrity Cruises gezeigt. Zwar hatte man mittlerweile alle Engpässe auf der Ems so weit verbreitert, dass auf absehbare Zeit auch größere Schiffe denkbar waren, dafür begann nunmehr vermehrt, der Tiefgang der Neubauten eine kritische Rolle zu spielen.

Zu Zeiten Willm Rolf Meyers besaß die Ems eine Tiefe von etwa 3,5 Metern. Die zunehmende Industrialisierung Deutschlands, nicht zuletzt auch der Bau des Dortmund-Ems-Kanals, der auf seinem letzten Teilstück bis Emden mit der Unterems identisch ist, hatten dazu geführt, dass man bereits im 19. Jahrhundert begonnen hatte, die Ems zu begradigen und Kanalausbauten den schnell wachsenden Schiffsgrößen anzupassen. Diese Entwicklung für die Tideems mit Papenburg als südlichstem Seehafen wurde zu Beginn der 1980er-Jahre erfolgreich beendet. Die Häfen Leer und Papenburg konnten nun im Begegnungsverkehr von der neuen Generation der Kümos Tag und Nacht angefahren werden und die Werften an der Ems – damals waren es noch drei Schiffbauer (Jansen, Sürken und Meyer) konnten ihre Neubauten als Sondertransporte auf der Bundeswasserstraße zur See überführen.

Aber bereits mit der HOMERIC und der CROWN ODYSSEY wurde deutlich, dass die natürliche Tiefe der Ems für die Schiffsüberführungen nicht ausreichte. Hier half im ersten Schritt die Idee einer 2-Tiden-Fahrt unter

1 P&Os AURORA wurde benannt nach der römischen Göttin der Morgenröte.

Nutzung von Springtiden, um die Kreuzfahrtschiffe sicher zu überführen.

Aber bereits während der Projektphase von Horizon und Zenith wurde deutlich, dass der Überführungstiefgang selbst bei Gewichtseinsparungen zu groß wurde. Wollte die Meyer Werft die Aufträge von Celebrity Cruises gewinnen, so musste die Ems vertieft werden.

Und so hatte die Werft nicht nur durch ihre Leistungen von sich reden gemacht, sondern war auch zum wohl größten Fürsprecher der nötigen Baggerarbeiten geworden.

Die Häfen Papenburg und Leer – und mit ihnen die zugehörigen Landkreise und eine Reihe von dort beheimateten Firmen – hatten ein berechtigtes Interesse am Ausbau der Ems. Die wirtschaftliche Entwicklung der Region bestätigte den Infrastrukturausbau der Ems in den 1980er-Jahren mit starker Zunahme des Schiffsverkehrs.

So gaben die beteiligten Behörden schließlich grünes Licht für Baggerarbeiten, die die Ems auf 6,30 Meter vertieften und für besonders große Schiffe Bedarfsbaggerungen auf 6,80 Meter erlaubten. Erst damit konnte die Meyer Werft die Celebrity-Aufträge sichern.

Noch 1986 hatte der Chronist Klaus-Peter Kiedel im Zusammenhang mit den seinerzeit größten Neubauten der Meyer Werft – VIKING SALLY und HOMERIC – prophezeit: „Für noch größere Passagierschiffe besteht weltweit nur ein geringer Bedarf, ihr Bau wäre auch wegen der Binnenlage der Werft unmöglich." Wie hatte er sich doch getäuscht!

Das Zeitalter der ganz großen Kreuzfahrtschiffe hatte gerade erst begonnen. Und die Meyer Werft schickte sich an, ganz vorne dabei mitzumischen. In den USA waren Kreuzfahrten schon lange ein etablierter Massenmarkt, der unaufhaltsam zu expandieren schien. Und wie viele Trends schwappte auch dieser schließlich in die Alte Welt über. Auch der zweitgrößte Tummelplatz für Kreuzfahrtreeder, Großbritannien, begann in den 1990er-Jahren stark anzuziehen.

Mit einem Volumen von beispielsweise 300.000 Passagieren im Jahre 1994 war dieser Markt zwar vergleichsweise klein – in den USA buchten im selben Jahr bereits 4,4 Millionen Passagiere eine Kreuzfahrt –, aber bereits zu diesem Zeitpunkt hatte der britische Markt fünf Jahre lang jährlich um 15 Prozent zugelegt.

Solche Entwicklungen ließen die traditionsreiche Reederei P&O Anfang der 1990er-Jahre erwägen, ein Kreuzfahrtschiff bauen zu lassen, das auf die speziellen Bedürfnisse britischer Passagiere zugeschnitten sein sollte.

Die Geschichte von P&O reicht in das Jahr 1834 zurück, das Gründungsjahr der Peninsular Steam Navigation Company. Auch wenn P&O seit dem Beginn unseres Jahrhunderts nur noch als Marke, nicht als eigenständiges Unternehmen, existiert, ist es immer noch einer der ältesten Namen in der Schifffahrt weltweit.

Mit einer Reihe von Fracht- und Passagierdiensten in der ganzen Welt wuchs P&O im Laufe seiner langen Geschichte zu einer der weltgrößten Reedereien heran. Kreuzfahrten begannen dabei nach dem Zweiten Weltkrieg eine zunehmende Rolle zu spielen; dies insbesondere mit dem Niedergang der transkontinentalen Linienschifffahrt.

Mit der Übernahme der Reederei Princess Cruises hatte sich P&O 1974 ein Standbein in den USA verschafft und wuchs dort binnen drei Jahrzehnten zum drittgrößten Anbieter heran.

Der britische Markt hingegen wurde durch die Division P&O Cruises bedient, wo man zwei ältere Schiffe, die SEA PRINCESS von 1965 und die besonders beliebte, 1961 gebaute CANBERRA, einsetzte.

Das fortgeschrittene Alter beider Schiffe und die jüngsten Marktentwicklungen brachten das Management von P&O zu der Erwägung, die bestehende Flotte durch den ersten Neubau speziell für die heimische Klientel zu ergänzen.

Mit der für ein alteingesessenes britisches Unternehmen wohl angemessenen Portion Patriotismus wurde der Bauauftrag im eigenen Land ausgeschrieben. Dass keine einzige Offerte einging, zeugt vom traurigen Zustand der Werftindustrie in der einstmals größten Seefahrtsnation der Erde.

So aber konnte der Auftrag gegen starke Konkurrenz aus anderen Ländern im Januar 1992 von der Meyer Werft gewonnen werden. Erneut horchte die Fachwelt auf – diesmal aber weniger skeptisch, sondern eher beeindruckt.

Beim näheren Hinsehen war allerdings ob der Dimensionen des Projekts Gemini durchaus eine Portion Skepsis angebracht. Mit einer geplanten Größe von 67.000 BRZ schickte sich die Meyer Werft an, das größte je in Deutschland gebaute Passagierschiff zu fertigen, also nunmehr endgültig auch die BISMARCK zu entthronen. Und ein zu erwartender Überführungstiefgang bis zu 7,30 Meter ließ hinsichtlich der Emstiefe akuten Handlungsbedarf aufkommen.

Unter Ausnutzung der bekannten Möglichkeiten würde eine erneute Vertiefung des Flusses nötig werden. So viel betrug der mindeste Überführungstiefgang für die ORIANA. Es entspann sich ein hartes Ringen um die Ermöglichung der erforderlichen Arbeiten, das bis zu deren Abschluss im Sommer 1994 für Schlagzeilen sorgte und sowohl Befürwortern als auch Gegnern manch ein graues Haar bescherte.

Der exakte Hergang ist vielfach beschrieben und das Für und Wider oft wiederholt worden. Ein gewichtiges Argument für den Ausbau der Ems und damit die Ermöglichung von Schiffen in der Größenordnung des Projekts Gemini waren sicherlich die seinerzeit 1.800 Arbeitsplätze auf der Meyer Werft und weitere 8.000 bei den Zulieferern. Sicherlich wären diese nicht vollständig abgebaut worden, wenn man sich bei der Meyer Werft fortan auf die erreichte Größe beschränkt hätte. Das Schifffahrtsmagazin HANSA kam allerdings in einer Nachbetrachtung der Diskussion Anfang 1995 zu dem Schluss: „Bricht man diese Entwicklungslinie heute ab, in der Hoffnung, der bisherige Erfolg ließe sich als Status quo dauerhaft konservieren, so liegt dieser Hoffnung wohl ein gravierender Irrtum zugrunde. Die Regeln für den Markt von Kreuzfahrtschiffen werden leider nicht in Papenburg gemacht. Wer sich darüber wundert, daß das Unternehmen jede Chance wahrnimmt, die sich bietet, wundert sich im Grunde darüber, daß es seit 200 Jahren erfolgreich Schiffbau betreibt."

Mit zu der Entwicklung mag auch die Erkenntnis des Landes Niedersachsen beigetragen haben, dass selbst einem relativ standortgebundenen Unternehmen wie der Meyer Werft das Mittel der Abwanderung offenstand. Anfang der 1990er Jahre, kurz nach dem Mauerfall, drohte die veraltete und wenig produktive ostdeutsche Werftenindustrie regelrecht zu kollabieren. Zwar stützte die Bundesrepublik die Unternehmen im Rahmen der Möglichkeiten, doch es waren diese Hilfen, die nunmehr westlichen Firmen fehlten.

Die Meyer Werft konnte zwar über mangelnde Auslastung nicht klagen, aber gerade hier lag der Knackpunkt. Gerade hatte man eine Serie von sechs Gastankern an russische Eigner abgeliefert. Nun war das Orderbuch mit den unterschiedlichen Passagierschiffen gut gefüllt. Verhandlungen über sechs weitere Gastanker ließen die Frage nach der Kapazität der Werft aufkommen.

In dieser Situation dachte Bernard Meyer laut über die Einrichtung eines Zweigbetriebs in Mukran auf Rügen nach. Das wirtschaftlich gebeutelte Bundesland Mecklenburg-Vorpommern hätte eine solche Investition sicher sehr begrüßt.

Vor der Presse betonte Bernard Meyer zwar nach der erfolgreichen Überführung der ZENITH, Papenburg sei die Basis seines Betriebes und werde auch immer die Stammwerft bleiben. Vor dem Hintergrund, dass bei der Abschlussdockung des Celebrity-Kreuzers bei Blohm + Voss Riefen am Schiffsboden festgestellt wurden, die nur von einer Grundberührung bei der Überführungsfahrt herrühren konnten, versäumte der Unternehmenschef allerdings nicht zu betonen, wie überlebenswichtig die erneute Vertiefung des Flusses für seine Werft sei.

Bei aller Weltoffenheit, die sein Beruf mit sich bringt, ist Bernard Meyer immer auch Lokalpatriot geblieben, der Arbeitsplätze und Investitionen am liebsten in der Region Emsland sieht. Insoweit war seine Aussage nicht als Abkehr von seiner Heimat zu verstehen, die Botschaft dürfte aber bei den lokalen Politikern angekommen sein.

Zu dem Gastanker-Auftrag kam es nicht, und auch die Werft in Mukran blieb letztlich nichts als eine Fußnote in der Geschichte der Werft.

Abschließend bleibt vielleicht festzustellen, dass Schiffbau immer einen gewissen Wagemut erfordert und die Annahme des Auftrags für das Projekt Gemini erst nach vorheriger Absprache mit dem Bund und dem Land Niedersachen erfolgte. Der Bau des Schiffes ohne die folgende Emsvertiefung hätte zu dem Szenario eines Schiffes ohne Meer geführt. Das hätte nicht nur das Ende der Werft bedeutet, sondern auch eine fatale Signalwirkung für die deutsche Industrie und ausländische Investoren gehabt. Und dafür hätte schlussendlich nicht nur Bernard Meyer einstehen müssen.

Andererseits wurde mit genau dieser Zwangslage vielleicht erst der Druck aufgebaut, der das Überleben des Unternehmens und Arbeitgebers Meyer Werft möglich machte. So wurde das Projekt Gemini zum nächsten Vorzeigeprojekt der Werft, auf das Geschäftsführung und Belegschaft trotz aller Sorgen zu Recht stolz waren. Zunächst galt es allerdings noch, eine Herausforderung ganz anderer Natur zu meistern.

Anfang der 1990er-Jahre hatte sich mit der Rederi AB Slite einer der Stammkunden vergangener Tage zurückgemeldet. Slite war eine der Reedereien im Konsortium Viking Line, das der Meyer Werft einst große Erfolge im Fährschiffbau beschert hatte. Mit ihr war man sich über den Bau einer besonders großen und luxuriösen Autofähre einig geworden. Schiffe wie zuletzt die 1980 von der Meyer Werft gebaute VIKING SALLY hatten auf der Ostsee die Ära der Jumbo-Fähren eingeläutet. Mit diesen sehr großen Fährschiffen hatten die Reedereien sich bald auch mehr und

mehr in puncto Ausstattung übertrumpft. So waren letztlich Schiffe mit Autodeck entstanden, die sich im Komfort schon fast mit Kreuzfahrtschiffen messen konnten, die sogenannten Kreuzfahrtfähren.

Mit der Bestellung der EUROPA bei der Meyer Werft schickte sich die Viking Line an, die größte Fähre der Welt bauen zu lassen, und damit den Konkurrenten Silja Line auszustechen.

Durch geschickte Verquickung althergebrachten Know-hows im Bau von Autofähren mit den jüngst gemachten Erfahrungen in Konstruktion und Ausstattung produzierten die Papenburger Schiffbauer ein spektakuläres Schiff und hoben nebenbei auch die eigene Rekordmarke im Bau des größten Schiffes, das bis dahin die Werft verlassen hatte. Mit der EUROPA gelang ein besonders elegantes Schiff – umso mehr, wenn man berücksichtigt, dass gerade im Fährschiffbau ja Funktion absoluten Vorrang vor

Form hat –, das auch heute, fast zwanzig Jahre später, noch kein bisschen angestaubt wirkt.

Dem nördlichen Fahrgebiet entsprechend kam der Neubau in einer eher zugeknöpften Anmutung ohne viel offene Decksflächen daher. Um den Innenbereichen aber dennoch die nötige Leichtigkeit zu geben, zeichnete sich die Konstruktion durch weitreichende Glasfassaden aus.

Die Optik des Schiffes war dabei eher kompakt mit einem extrem kurzen Vorschiff, langen Aufbauten und einer vorn umlaufenden Linienführung, aus der lediglich die Brücke mit einem Ausdruck der Bedeutsamkeit herausragte. Selbst der Schornstein verschmolz mit der ihm zustrebenden Linienführung, als habe man ihn als Sahnetüpfelchen auf ein gelungenes Design gesetzt. Einzig das Heck sprach die eindeutige Sprache einer Autofähre.

1 Eine Aufnahme mit Seltenheitswert. Die spätere SILJA EUROPA vor Auslieferung in den Farben der Viking Line.
2 Auch nach fast zwei Jahrzehnten im Einsatz kann das Design der SILJA EUROPA noch immer überzeugen.

Im Inneren zeugten Einrichtung und Qualität der Materialien von dem Anspruch, den die Viking Line mit der EUROPA erhob. Zwar mag der Vergleich mit den vorangegangenen Fünf-Sterne-Kreuzfahrtschiffen der Meyer Werft ein wenig hinken, aber die Ausstattung war weit entfernt von der doch eher funktionalen Einrichtung von erst wenige Jahre zuvor gebauten Passagierfähren. Schon bei der Einschiffung wurden Passagiere durch ein Foyer über zwei Decks empfangen.

Das für skandinavische Fähren so typische Buffet-Restaurant mit leicht zu reinigenden Tischen und Stühlen gab es natürlich auch auf der EUROPA, aber es bestach durch seine um 270 Grad laufende Glasfront mit Blick voraus. Nobler war da noch das À-la-carte-Restaurant eingerichtet. Für zwanglose Snacks zwischendurch – und auch dies erregte seinerzeit Aufsehen – befand sich an Bord die erste schwimmende McDonald's-Filiale.

Als besonderes Highlight sei noch die VIP-Lounge vor dem Schornstein erwähnt. Dieser eher schmale Raum mit großem Konferenztisch zeichnete sich durch seine fast vollständige Verglasung und die entsprechend beeindruckende Aussicht auf die See aus.

Seinerzeit noch spektakulärer als das Schiff selbst waren allerdings die abenteuerlichen Umstände, unter denen es im März 1993 in Fahrt kam. Die Rederi AB Slite hatte den Bauauftrag – rückblickend betrachtet – zum denkbar ungünstigsten Zeitpunkt platziert. Anfang der 1990er-Jahre hatte Schweden seine Währung zunächst an das System der Europäischen Währungseinheit geknüpft, diese Bindung aber bereits nach weniger als zwei Jahren wieder aufgehoben.

Diese Umstrukturierungen hatten eine ruckartige Abwertung der schwedischen Krone zur Folge – oder aus Sicht der Rederi AB Slite eine Verteu-

erung des Baupreises um 15 Prozent, da der Kontrakt auf D-Mark lautete. Freilich ist es im Außenhandel nicht unüblich, sich gegen solche Wechselkursrisiken abzusichern, aber gerade das hatte Slite nicht getan, sodass die Reederei den Baupreis für die fast fertige EUROPA quasi ad hoc nicht mehr aufbringen konnte. Die Hausbank des Unternehmens gewährte nicht die notwendigen Kredite, und die ohnehin schon angeschlagene Rederi AB Slite musste Konkurs anmelden.

Der Bau von Schiffen ist fast immer ein überwiegend von der Werft vorfinanziertes Geschäft, bei dem bis auf eine Anzahlung der Baupreis des Schiffes erst bei Ablieferung bezahlt wird. Daher geriet die Meyer Werft in eine Lage, die sofortiges Handeln nötig machte. Die EUROPA war ein hochspezialisiertes Schiff für ein ganz bestimmtes Fahrgebiet. Sie kurzfristig zu guten Konditionen an einen anderen Abnehmer verkaufen zu wollen, kam einem Vabanquespiel gleich.

Zwar hatte die Silja Line – eben jene Konkurrenz, die Slite zu übertrumpfen getrachtet hatte – Interesse an dem Neubau, aber auch sie konnte nicht kurzfristig die notwendige Finanzierung sichern. So zeugt es vom Verhandlungsgeschick des Teams um Bernard Meyer, dass es in kürzester Zeit gelang, die Finanzierung für eine neu zu gründende Eignergesellschaft zu arrangieren und das Schiff mit Kaufoption an die Silja Line zu verchartern. So wurde also die weltgrößte Kreuzfahrtfähre noch vor ihrer Ablieferung in SILJA EUROPA umgetauft und die Farben der Viking Line in das Blau-Weiß der Silja Line geändert. Am 6. März 1993 konnte die SILJA EUROPA schließlich übergeben werden.

Nur fünf Tage später fand im überdachten Baudock die feierliche Kiellegung des Neubaus für P&O statt. Bernard Meyer und der damalige Geschäftsführer der Kreuzfahrtsparte von P&O, Tim Harris, legten die traditionellen Glücksmünzen auf die Pallungen, die den ersten Block des Neubaus Nr. 636 tragen sollten. Dieser „schwebte" bald darauf an den Stahlseilen des Krans Condor heran und wurde millimetergenau abgesetzt. Noch im Beisein der geladenen Gäste folgte bereits der zweite vorgefertigte Block und wurde auf den ersten gesetzt.

1 Das große Platzangebot und die großen Fensterflächen der SILJA EUROPA ließen beeindruckende Raumkonzepte zu.
2 Ein früher Designentwurf für das Projekt Gemini, aus dem dann die ORIANA wurde.

An diesem Tage der Kiellegung gab P&O nunmehr auch den Namen des zukünftigen Flaggschiffes bekannt: ORIANA.

In seiner Rede im Rahmen der Zeremonie erklärte Bernard Meyer: „Wir sind stolz, von P&O den Zuschlag erhalten zu haben, und freuen uns besonders darüber, mit der ORIANA das größte jemals in Deutschland gebaute Passagierschiff fertigstellen zu dürfen. Wir werden auch, allen Unkenrufen zum Trotz, einen Weg finden, den Neubau ohne Schaden die Ems herunter ins offene Meer zu bugsieren."

Auch wenn die Frage nach der notwendigen Emsvertiefung nach wie vor als Damoklesschwert über der ganzen Unternehmung schwebte, darf man annehmen, dass in diesem März 1993 auf der Meyer Werft eine gewisse Aufbruchsstimmung herrschte. Die Ablieferung der SILJA EUROPA hatte gerettet werden können, der Bau der ORIANA hatte begonnen, und noch einmal sechs Tage später, am 17. März 1993, brachte man auch neue Verhandlungen mit Celebrity Cruises erfolgreich zum Abschluss. Die Reederei war mit den Schwestern HORIZON und ZENITH so zufrieden, dass sie nun eine vergrößerte Weiterentwicklung bestellte und als Option zwei weitere Aufträge für Schwesterschiffe in Aussicht stellte.

Eine geplante Vermessung von 70.000 BRZ ließ erahnen, dass die ORIANA nur für kurze Zeit den Titel des größten jemals in Deutschland gebauten Passagierschiffes tragen würde. Und der Liefertermin im November 1995 – nur acht Monate nach dem P&O-Neubau – deutete darauf hin, dass sich die Vergrößerung des Baudocks alsbald bezahlt machen würde.

Zunächst nahm der Bau der ORIANA den Löwenanteil physischer Arbeitskraft auf der Meyer Werft ein.

Welche Bedeutung P&O diesem Neubau beimaß, wurde bereits in der Namenswahl deutlich, denn nicht nur Fachleuten war der Name ORIANA wohlbekannt: Namenspatronin für den Neubau war der Ozeanliner ORIANA von 1960. Gebaut für die Orient Line, die kurze Zeit später mit P&O verschmolz, war die ORIANA (zusammen mit der CANBERRA und der QE2) eines der drei oft als „British Superliners of the Sixties" bezeichneten Schiffe, mit denen der britische Schiffbau seinen Zenit erreicht hatte.

Während die CANBERRA zum Zeitpunkt der Kiellegung für den Neubau noch unter der P&O-Flagge fuhr und beim britischen Reisepublikum hohes Ansehen genoss, war die ursprüngliche ORIANA bereits 1986 außer Dienst gestellt worden.

1 Anderson's Bar könnte einem englischen Landhaus entstammen.
2 Deutlich moderner wurde das Atrium gehalten.

Und die Bauspezifikation für den Neubau ließ deutlich werden, dass P&O bei der Meyer Werft ein herausragendes Schiff bestellt hatte. Nicht umsonst fiel seinerzeit immer wieder die Bezeichnung „Liner" für die ORIANA. Zwar plante man mit ihr nicht die Wiederaufnahme längst eingestellter Liniendienste, aber die Wortwahl sollte herausstellen, dass sie dazu technisch in der Lage wäre.

Die beiden Kernpunkte dabei waren der Tiefgang, der mit 7,90 Metern gut einen Meter tiefer ging als bei den meisten anderen neu gebauten Kreuzfahrtschiffen – und damit für ein ruhiges Seeverhalten bürgen sollte. Darüber hinaus war die ORIANA mit 24 Knoten seinerzeit der schnellste Kreuzfahrtschiff-Neubau seit der altehrwürdigen QUEEN ELIZABETH 2.

Letztere war überhaupt das Schiff, mit dem die neue ORIANA anfangs am meisten verglichen wurde. Als viele Jahre unangefochtenes Flaggschiff der britischen Handelsschifffahrt bekam der 25 Jahre alte Liner mit dem P&O-Neubau ernst zu nehmende Konkurrenz.

Waren aber deutsche Schiffbauer in der Lage, ein Schiff zu bauen, das dem ganz speziellen Geschmack einer britischen Klientel gerecht würde und deren kulturellen Besonderheiten ausreichend Beachtung schenkte? Die Frage erübrigte sich insofern, als dass man auf der Meyer Werft den eigenen Wissensfundus bei Bedarf sinnvoll durch externe Sachkunde zu ergänzen wusste. Im Falle der ORIANA wurde diese Auswahl der Werft allerdings von vornherein abgenommen.

Bereits in der Projektphase hatte P&O die Ausgestaltung des Neubaus in fähige Hände gegeben. Die Schlüsselrolle fiel dabei bemerkenswerterweise einem schwedischen Unternehmen, Tillberg Design, zu. Ein Blick auf dessen Geschichte macht deutlich, dass es nicht nur mit den nötigen Referenzen aufwarten konnte, sondern auch sein Gründer

und Geschäftsführer Robert Tillberg der britischen Kultur persönlich nahestand.

Für die Bereiche, in denen es noch etwas britischer werden sollte, stellte man Tillberg das Londoner Architekturbüro John McNeece zur Seite. Beide Unternehmen arbeiteten mit der Meyer Werft bei der Umsetzung der Designs am werdenden Schiffskörper zusammen. Der Aufwand, britischen Gästen das perfekte Schiff zu bieten, schien dabei in englischen Landhäusern vergangener Jahrhunderte sein Äquivalent zu suchen.

In der Tat bietet sich der Vergleich mit englischer Architektur ebenso an wie ein Blick auf die Reisegewohnheiten der Briten.

Im Gegensatz zum durchschnittlichen amerikanischen Gast, für den das Schiff in erster Linie Unterkunft ist und der auf Landausflügen möglichst viel von den bereisten Ländern sehen möchte, genießen britische – über-

haupt europäische – Passagiere das Schiff als Rückzugsort, an dem man sich fernab des Treibens an Land entspannen kann.

Ein anheimelndes Ambiente schafften Architekten der ORIANA durch überwiegend kleinteilige Räumlichkeiten.

Die Vielzahl kleiner Gesellschaftsräume sorgte für mehr Auswahl einerseits und eine intimere Atmosphäre innerhalb der einzelnen Bereiche andererseits.

Bei der Ausgestaltung der Kabinen und Gesellschaftsräume orientierte man sich ebenfalls am Geschmack des Zielpublikums. Während in Amerika pastellige Farbtöne und der schon erwähnte etwas technokratische Look en vogue waren, konnte man britische Passagiere (insbesondere in der Altersklasse der über 60-jährigen, die in den 1990er-Jahren noch die Mehrheit der Klientel ausmachte) eher durch eine etwas plüschige Optik mit soliden Farben und viel Holz locken.

1 Ausdocken der ORIANA im Dezember 1994.
Noch müssen Schornsteine außerhalb der Halle
aufgesetzt werden.
2 Die ORIANA wird von Queen Elizabeth II
in Southampton getauft.

Die Designer mussten also den Spagat zwischen britischer Traditionsverbundenheit und etwas leichterer Moderne schaffen. Dass dies gelang, ist den hierbei „neutralen" Schweden ebenso zuzurechnen wie der Tatsache, dass die Optik der Gesellschaftsräume durchweg deren Funktion folgte. „Obwohl wir um einen traditionellen Eindruck auf dem neuen Schiff bemüht waren, war es von Bedeutung, es nicht zu altvertraut zu machen", erläuterte Robert Tillberg das Designkonzept. „Wir wollten bei den Leuten Begeisterung hervorrufen, wenn sie an Bord kommen."[1]
Entsprechend entschied man sich, dem internationalen Trend zu einem großzügigen Atrium zu folgen, das gleichermaßen als Knotenpunkt zwischen den unterschiedlichen Passagierbereichen und als Eingangshalle

[1] Mott, David / Tinsley, David: The Oriana, Lloyd's List, London, 1995

diente – gewissermaßen die Visitenkarte, mit der sich das Schiff seinen Passagieren vorstellte. Über vier Decks reichte das Atrium der ORIANA, und mit hellen Farben und gläsernen Balustraden ließ es ein Gefühl angenehmer Unbeschwertheit aufkommen. Zentraler Blickfang war dabei ein Wasserfall, der sich über die kompletten vier Decks mit einer Höhe von zwölf Metern erstreckte. Um insbesondere bei Seegang Spritzwasser zu verhindern, verwendete man für den Wasserfall speziell behandeltes Wasser, das an 268 Nylonschnüren herunterperlte.

Traditioneller als das Atrium waren die Restaurants und Bars eingerichtet, aber ganz im Zeitgeist neuer Umweltfreundlichkeit wurde dabei auf den Einsatz von Tropenhölzern verzichtet.

Auf der CANBERRA beschäftigte P&O ein festes Bühnenensemble und hatte damit so gute Erfahrungen gemacht, dass man sich entschied, auf der ORIANA nicht dem Beispiel der amerikanischen Mehrzweck-Showlounge zu folgen, sondern ein richtiges Theater zu integrieren.

Über drei Decks erstreckte sich das Theatre Royal, das im typischen Stil der Londoner Theater in Rot und Gold gestaltet war. Die allerorten auf dem Schiff zu findende moderne Technik versteckte sich auch hier geschickt im Hintergrund. Nicht nur war das Theater mit einem Orchestergraben, Bühnenlift und einer Drehbühne ausgestattet, unter dem Fußboden verlief auch ein ausgeklügeltes Leitungssystem, das mit der Klimaanlage des Schiffes verbunden war und einen kühlenden Luftstrom direkt in die speziell dafür vorgesehenen Polster aller Sitze verteilte.

Nebst dem Theater gab es auch eine Showlounge, ein Kino und einen Ballsaal, eine Bibliothek, Bars, Restaurants, Fitness- und Wellness-Bereiche. Die ORIANA war um fast 50 Prozent größer als die ZENITH, und dieser zusätzliche Raum kam fast allein den Passagieren zugute.

Denkt man an die häufig verwinkelten Häuser Englands mit ihren oftmals kleinen Zimmern, so verwundert es nicht, dass die ORIANA bei den Passagierkabinen keine Größenrekorde ihrer Vorgängerinnen von der Meyer Werft brach.

Die Suiten beschränkten sich bei allem Luxus auf eine Grundfläche von 32,5 m². Daneben gab es eine ganze Anzahl Kabinen mit gehobener Ausstattung, und von den insgesamt 914 Passagierunterkünften hatten immerhin 118 einen Balkon zu bieten.

Die größte Außendecksfläche auf einem Passagierschiff und der weltgrößte Pool auf See rundeten das Angebot für die Passagiere ab.

Spätestens beim Blick hinter die Kulissen wurde deutlich, dass die ORIANA auch in technischer Hinsicht kein gewöhnliches Schiff war. Zwar war die Meyer Werft wieder dem bewährten Prinzip eines dieselmechanischen Antriebs in Vater-und-Sohn-Anordnung treu geblieben, aber die Maschinenanlage des Neubaus bestach durch hohe Flexibilität.

Vier Dieselaggregate von MAN B&W waren für den Antrieb vorgesehen, zwei weitere als Hilfsmaschinen für die Stromerzeugung. Dies war an sich noch nicht ungewöhnlich, aber um die hohe Endgeschwindigkeit der ORIANA zu ermöglichen, ohne bei langsameren Fahrstufen ständig das volle Potenzial der Maschinen auszuschöpfen, hatte man sich eine besondere Finesse einfallen lassen: Die vier Hauptmaschinen wirkten über Getriebe auf die zwei Verstellpropeller. Zusätzlich ließen sich zwei Elektrogeneratoren an die Getriebe kuppeln, um hier Strom für den Schiffsbetrieb zu erzeugen, wann immer die Fahrmotoren nicht bei voller Leistung liefen. So ließen sich die Hilfsdiesel entlasten.

Bei Bedarf ließen sich die Generatoren aber auch als zusätzliche Motoren verwenden, die von den Hilfsmaschinen mit Strom versorgt wurden. Zu den fast 40.000 kW der Hauptmaschinen konnten auf diese Weise noch einmal rund 8.000 kW zugeschaltet werden, wenn Höchstgeschwindigkeit benötigt wurde.

Die vielfältigen Auswahlmöglichkeiten mit engen Abständen zwischen den Fahrstufen ermöglichten für fast jeden Betriebszustand die optimale Kombination beim Einsatz der Maschinen, sodass keine überflüssige Energie produziert wurde.

Bei Rudern, Schrauben und Querstrahlern hatte die Werft an die guten Erfahrungen angeknüpft, die man mit den letzten Celebrity-Schiffen gemacht hatte. Erwähnenswert sind an dieser Stelle aber noch die weltgrößten Stabilisatoren, die der schottische Zulieferer Brown Brothers herstellte. Bei 19 Knoten Geschwindigkeit konnten sie Rollbewegungen des Schiffes um bis zu neunzig Prozent reduzieren.

Die ORIANA schwamm am 30. Juli 1994 zum ersten Mal und verließ kurzzeitig die Baudockhalle, denn jetzt machte man sich die verlängerte Halle voll zunutze: Am wasserseitigen Ende hatte man zuvor nacheinander zwei 6.000 BRZ große Passagierschiffe für Indonesien gebaut, die nun abgeliefert waren. Während die ORIANA dort ihren Platz einnahm, konnte am 3. August am landseitigen Ende des Docks der Kiel für den Celebrity-Neubau CENTURY gelegt werden.

Wie sehr die Meyer Werft mit dem gleichzeitigen Bau zweier derartig großer Kreuzfahrtschiffe ausgelastet war, zeigte sich darin, dass diese Neubauten die Kapazitäten der eigenen Vorfertigung sprengten. Selbstverständlich hatte man derartige Engpässe mit einkalkuliert und auch eine Lösung parat: Die Meyer Werft vergab extern Aufträge für Stahlarbeiten.

Schon bei der SILJA EUROPA hatte man auf diese Weise Rumpfsektionen aus Rostock, Aufbauten aus Stralsund und den Schornstein aus Wolgast bezogen. Auch Werften in Husum und Emden hatten bereits als Auftragnehmer für die Meyer Werft produziert. Diese war somit nicht nur Arbeitgeber für eine ganze Region, sondern brachte auch Arbeit in andere Landesteile und half dem angeschlagenen deutschen Schiffbau.

Für die CENTURY lieferte die Werft Petram in Brake an der Weser vier Teilsektionen, jede schwimmfähig und knapp 600 Tonnen schwer. Damit

1

konnten sie mit den vier Kränen im Reparaturdock der Meyer Werft gerade noch zu einem kompletten Block zusammengefügt und ins Baudock eingeschwommen werden. Und jede dieser Sektionen war bereits weitgehend mit Ausrüstung wie Stabilisatoren, Klimaanlage, Müllverbrennungsanlage und einer Unzahl anderer Aggregate ausgestattet.

Die fast fertiggestellte ORIANA verließ im Dezember 1994 endgültig die Baudockhalle. Erst jetzt konnte mit Hilfe eines Schwimmkrans ihr hoher Schornstein aufgesetzt werden, der nicht unter das Hallendach gepasst hätte.

An der Ausrüstungspier, während ihrer letzten Wochen vor der Ablieferung an P&O, wurde die ORIANA noch Schauplatz eines ganz besonderen Ereignisses: Im Januar 1995 konnte die Meyer Werft ihr zweihundertjähriges Bestehen feiern.

Dieses wurde am 28. Januar im Rahmen eines großen Festaktes begangen, der auf historischem Boden begann. Das ehemalige Werftgelände im Herzen Papenburgs war zwischenzeitlich zu einem Kultur- und Freizeitzentrum mit dem Namen „Forum Alte Werft" umgestaltet worden. Einen passenderen Rahmen für den Beginn der Feierlichkeiten mit 900 geladenen Gästen konnte es nicht geben.

Neben der Prominenz internationaler Schifffahrt standen auch Ehrengäste aus der Politik auf der Besucherliste, so der indonesische Staatsminister für Forschung und Technologie, Bacharuddin Jusuf Habibie, der niedersächsische Minister für Wirtschaft, Technologie und Verkehr, Peter Fischer, und Bundeskanzler Helmut Kohl.

Es wurden Reden gehalten und Dank ausgesprochen, an die Meyer Werft als Arbeitgeber, an die Kunden als Auftraggeber, an die Mitarbeiter als Rückgrat der Werft. Es wurde die besondere Stellung des Unternehmens in der deutschen Werftenlandschaft ebenso gewürdigt wie die Tatsache, dass nur wenige Familienunternehmen sechs Generationen überdauert hatten, und nach den gerade durchgestandenen Strapazen um die Emsvertiefung appellierten sowohl Werftführung als auch Betriebsrat an die Politik, auch in Zukunft in Papenburg für sichere Arbeitsplätze zu sorgen. Zweifelsohne die größte persönliche Freude brachte Bernard Meyer zum Ausdruck, der in seiner Rede seine Wünsche für die Zukunft der Werft dargelegt hatte

und mit den Worten schloss: „Ein Wunsch ist mir bereits in Erfüllung gegangen: dass mein Vater dieses Jubiläum noch miterleben darf."

Und vielleicht am treffendsten fasste Minister Peter Fischer das Jubiläum zusammen: „Wenn man dieser traditionsreichen Werft ein Motto geben würde, so könnte es lauten: *Unsere Tradition ist es, an der Spitze des Fortschritts zu marschieren*."

Der zweite Teil des Festtages fand auf der aktuellen Werft statt, wo die Gäste die Anlagen besichtigten und die ORIANA als edler Rahmen für das Mittagessen diente.

Doch wie es mit jeder Feier ist – sie ist irgendwann vorbei, und es gilt, sich wieder dem Alltag zu widmen. Für die Meyer Werft stand dabei die Ablieferung der ORIANA im Vordergrund. Am 26. Februar 1995 wurde sie die Ems hinab überführt.

Wie sehr die Meyer Werft inzwischen in der öffentlichen Wahrnehmung stand, wird vielleicht daran am ehesten deutlich, dass trotz der winterlichen, feucht-kalten Temperaturen rund 50.000 Menschen die Deiche entlang der Ems bevölkerten. Jeder wollte einen Blick auf die ORIANA erhaschen, und auch die Presse berichtete ausführlich. Vielleicht waren es gerade die schlichte Linienführung und der weiße Rumpfanstrich ohne jegliche Zierstreifen, die den Neubau so elegant erscheinen ließen.

Nach der erfolgreichen Emspassage – wiederum mit Gezeitenpause vor Leer – durchlief die ORIANA die Probefahrten im Tiefwasser vor Norwegen und lief dann Hamburg zur Abschlussdockung bei Blohm + Voss an.

Hier zeigte sich, dass die Ems trotz aller Baggerarbeiten nur gerade eben tief genug gewesen war.

Schlimmer waren allerdings Schäden durch Steinschlag an den beiden Verstellpropellern. Zwar wurden diese Mängel nicht der Überführung, sondern der Maschinen-Standprobe auf der Werft zugerechnet. Es änderte aber nichts daran, dass die beiden je 3,5 Tonnen schweren Schrauben demontiert und zur Reparatur zum niederländischen Hersteller Lips gebracht werden mussten.

Zum Entsetzen aller Beteiligten waren dies nicht die letzten Stolpersteine auf dem Weg zur Ablieferung des Schiffes an P&O. Nach der erneuten Montage der Propeller ging die ORIANA abermals auf Probefahrt, bei

1 Stimmungsvolle Aufnahme der ORIANA kurz vor der Ablieferung.

der sich im Bereich des Achterschiffes störende Vibrationen bemerkbar machten. Die Schrauben wurden erneut abgenommen und zur Nachbearbeitung in die Niederlande geschickt.

Die Zeit bis zur Ablieferung drängte – nicht nur für die Werft, sondern auch für die Reederei. Denn die Absage der Jungfernreise hätte nicht nur für verärgerte Kunden und öffentliche Blamage gesorgt, sondern dies hätte auch eine Absage an den Ehrengast für die Taufzeremonie bedeutet.

Bei allen Superlativen rund um die ORIANA muss auch erwähnt werden, dass die Schiffstaufe von Ihrer Majestät, Queen Elizabeth II, vollzogen wurde. Geht man davon aus, dass ein solches Ereignis auch für die Queen nicht alltäglich ist, so war auch daran noch einmal die Bedeutung der ORIANA für den britischen Kreuzfahrtmarkt ablesbar.

Am 2. April 1995 nahm P&O die ORIANA schließlich unter dem Vorbehalt der Nachbesserung ab. Bis die Vibrationen schließlich zur Zufriedenheit des Kunden abgestellt wurden, sollte noch ein wenig Wasser die Ems hinabfließen und manch eine unkonventionelle Idee von den Schiffbauern erforderlich werden. Als Vertrauensbeweis bestellte P&O ein zweites Schiff, die AURORA.

Der Bau der ORIANA wird auch heute noch von der Meyer Werft als Lernkurve gesehen. Und bereits mit den folgenden Schiffen konnte man unter Beweis stellen, dass man aus den Problemen gelernt hatte. Davon abgesehen war die ORIANA in der langen Geschichte der Seefahrt nicht das erste und nicht das letzte Schiff, das mit Vibrationen zu kämpfen hatte. Allen Berechnungen zum Trotz folgt halt die Natur nach wie vor ihren eigenen Gesetzmäßigkeiten.

Noch während der heißen Phase vor Ablieferung der ORIANA hieß es plötzlich in der Presse, die Reederei Disney Cruise Line wolle bei der Meyer Werft zwei 80.000 BRZ große Kreuzfahrtschiffe bauen lassen. Die Werft bestätigte derlei Gerüchte zwar nicht, aber zeitgleich hieß es in der Fachpresse, das Unternehmen stehe in Verhandlungen mit dem Staat Pennsylvania über einen Verkauf der von der Schließung bedrohten Philadelphia Naval Shipyard.

Wie wir heute wissen, hat sich die Meyer Werft nie in den USA betätigt, und die beiden Schiffe, DISNEY MAGIC und DISNEY WONDER, wurden bei Fincantieri in Italien gebaut. Was also hatte es mit diesen Berichten auf sich?

Man muss dazu eine Besonderheit US-amerikanischer Gesetzgebung kennen: Nach dem Jones Act von 1920 ist es nur in den Vereinigten Staaten gebauten Schiffen mit amerikanischen Eignern und einer amerikanischen Besatzung erlaubt, auf direkter Route von einem US-Hafen zum anderen zu fahren. Jedes Seeschiff, das diese Voraussetzungen nicht erfüllt, hat unterwegs einen Zwischenstopp in einem ausländischen Hafen einzulegen.

Das Gesetz diente einst dazu, Arbeitsplätze bei amerikanischen Werften und Reedereien zu sichern und den heimischen Markt zu schützen. In der heutigen Zeit der globalisierten Wirtschaft sind derlei Gesetze freilich eher hinderlich. Aber sie spornen immer wieder zu Lösungsansätzen bei den betroffenen Unternehmen an.

So auch Mitte der 1990er-Jahre bei der frisch gegründeten Disney Cruise Line, einem Ableger des berühmten Vergnügungsimperiums. Es sollte Disneyland auf See werden, und man wollte Familien auch kurze Trips zwischen heimischen Häfen anbieten.

Die US-amerikanische Werftenindustrie hatte allerdings seit Jahrzehnten keine Passagierschiffe von auch nur ansatzweise den geplanten Dimensionen mehr hervorgebracht.

Vor diesem Hintergrund trat Bernard Meyer – auch in diesem Fall nicht um eine unkonventionelle Lösung verlegen – mit dem Staat Pennsylvania in Verhandlungen über die Philadelphia Naval Shipyard ein. Die US-Navy plante, den Betrieb einzustellen, und die Stadt Philadelphia suchte händeringend einen Investor, um die betroffenen Arbeitsplätze (oder zumindest einen Teil davon) zu retten.

Der Rest des Intermezzos ist schnell erzählt: Man konnte sich nicht über den Preis für das Gelände einigen, die amerikanischen Behördenvertreter verärgerten zudem die deutschen Interessenten durch ihre Handhabe der Verhandlungen. Die Disney Cruise Line ließ ihre Schiffe in Italien bauen, und zumindest Teile der Philadelphia Naval Shipyard wurden später von der norwegischen Aker Group übernommen.

Unterdessen ging in Papenburg das Leben seinen Gang. Für die Arbeiter auf der Meyer Werft war dies vorrangig der Bau der CENTURY, die bereits wenige Monate nach der ORIANA abgeliefert werden sollte.

Obwohl der Neubau für Celebrity Cruises mit 70.000 BRZ kaum größer sein sollte als sein Vorgänger für P&O, konnten die beiden Kreuzfahrtschiffe kaum unterschiedlicher ausfallen.

Dass bei der ORIANA ein Stück weit Neuland betreten wurde, wohingegen man bei der CENTURY auf bereits bestehende Erfahrungen zurückgreifen konnte, zeigte sich bereits in der Bauzeit von 38,5 Monaten für das britische Schiff, aber nur 32,5 für das amerikanische. Und wo bei der ORIANA moderne Technik hinter eher konservativ gestalteten Kulissen arbeitete, wurde dieses Hightech bei der CENTURY und ihren beiden Schwesterschiffen stolz hergezeigt. „Multimedia" war das Schlagwort in der zweiten Hälfte der 90er, und auf den Celebrity-Schiffen wurden die neuen technischen Möglichkeiten effektvoll eingesetzt.

Äußerlich war die CENTURY als Weiterentwicklung der ZENITH zu erkennen. Gut 23.000 BRZ zusätzlich wollten zwar untergebracht werden, und so wirkte der Neubau auf den ersten Blick etwas wuchtiger und nicht so filigran wie sein Vorgänger. Insgesamt aber fand sich eine ähnliche Formensprache wieder, die Ecken, Kanten und abgeschrägte Flächen im Bereich der Aufbauten und am Achterschiff erlaubte. Eine nach hinten in sanftem Schwung breiter werdende dunkelblaue „Bauchbinde" setzte dazu einen eleganten Gegenakzent und nahm dem Schiffskörper ein wenig seiner Massigkeit.

Der Schornstein orientierte sich wieder am Gitterrahmen der Vorgänger, war aber insgesamt geschlossener und besaß auf seiner Rückseite einen großen Deflektor, der einen Luftstrom erzeugte, um Rauchgase von den Decks fernzuhalten. Die Formgebung des Schornsteins spiegelte sich auch im weiter vorn gelegenen Hauptmast wider.

Wie schon bei der ORIANA verschwanden auch bei der CENTURY die Rettungsboote in Rezessen in der Bordwand, sodass es ein Boots- und Promenadendeck im herkömmlichen Sinne nicht mehr gab. Diese Umsetzung ist seit vielen Jahren ein baulicher Standard, der daher rührt, dass einerseits die Schiffe immer höher wurden, und andererseits die maximale Höhe der Boote über der Wasserlinie eingeschränkt wurde.

Wenn die CENTURY noch einen äußerlichen Blickfang brauchte, so war es die Observation Lounge namens Hemisphere, deren umlaufende Glasfassade sich oberhalb der Brücke befand.

Auch das Design der Century-Klasse war die Arbeit von Jon Bannenberg. Für die Innenräume zeichneten verschiedene Architekten verantwortlich, unter anderem wieder der Brite John McNeece. Mit dem Amerikaner Birch Coffey war aber auch ein Hotelspezialist an Bord, der die Vorlieben seiner Landsleute gut kannte.

Auch die CENTURY begrüßte ihre Gäste mit einem großzügig angelegten Atrium, das zahlreiche umliegende Gesellschaftsräume auf drei Decks miteinander verband und einen Wasserfall über die gesamte Höhe als zentrales Element aufwies.

1 Die CENTURY im Baudock.

Da der Trend inzwischen wieder weg von den Pastell- und Beigetönen zu Beginn des Jahrzehnts ging, hatten die Designer sich an die Spitze der neuen Bewegung gesetzt und die Innenräume in kräftigeren Farbtönen, Marmor und Edelstahl eingerichtet.

Dass Urlauber für ihr Geld etwas erwarten, ist eine Binsenweisheit. Im Land der unbegrenzten Möglichkeiten sind die Erwartungen entsprechend hoch. Die Größe der Standard-Kabinen hatte sich mit 17 m² seit der CROWN ODYSSEY nicht nennenswert verändert, aber wer würde sich angesichts der vielfältigen Angebote an Bord schon lange in seiner Kabine aufhalten?

Für Passagiere mit höheren Erwartungen an die Platz- und Luxusverhältnisse gab es acht Suiten zu jeweils 50 m² Fläche und als Höhepunkt zwei hoch auf Deck zehn gelegene Penthouse-Suiten mit 96 m² Wohnfläche, deren Ausstattung man sich auf der Zunge zergehen lassen musste: Wohn-, Speise- und Schlafzimmer mit separatem Ankleidezimmer. Dazu eine Küche, in der ein Butler, dessen Dienste im Preis dieser Kabinenkategorie beinhaltet waren, Speisen zubereiten konnte. Und schließlich ein Eingangsbereich mit eigener Videoüberwachung.

Zur Unterhaltung stand vollständiges TV- und Hi-Fi-Equipment zur Verfügung und wurde spektakulär ergänzt durch einen Beamer mit Leinwand. Das Bad mit Dusche und Whirlpool war ebenso wie das Gäste-WC mit Marmor ausgekleidet. Und als hätte man all dies noch übertreffen müssen, gab es einen weiteren Whirlpool auf dem Balkon.

Rein inhaltlich auf der Zunge zergehen lassen muss man sich eigentlich auch folgendes Zitat aus der Schiffsbeschreibung (wiedergegeben in Ausgabe 1/1996 der Zeitschrift HANSA): „Im Gesamtstyling der äußeren Silhouette des Schiffes hätten nach Ansicht des Architekten viele, relativ offene Balkone sehr gestört (…)." Das Stilempfinden von Jon Bannenberg in allen Ehren – es war vermutlich das letzte Mal, dass solche Empfindungen vor potenzielle Kundenwünsche und damit vor die Profitabilität eines Schiffes gestellt wurden. Glücklicherweise darf man hinzufügen, dass sich die Century-Klasse auch ohne viele Balkone ausgezeichnet bewährte.

Als besonderes Highlight der CENTURY wurde seinerzeit auch das Theater für 940 Gäste hervorgehoben, von dem es hieß, in puncto Ausstattung übertreffe es alle aktuell am Broadway vorhandenen Theater.

Der Zuschauerraum erstreckte sich über zwei Decks; allerdings wurden Teile der darüber- und darunterliegenden Decks von der komplexen technischen Anlage eingenommen. Die Bühne besaß zwei drehbare Plattformen und einen Orchestergraben. Dazu war eine Videoanlage mit Leinwand und – auch dies ein Novum – mit Effektlaser installiert, und insgesamt konnte man die Gäste mit einer Musikleistung von 32.000 Watt beschallen, um nur einige der Finessen dieser beeindruckenden Showlounge zu nennen.

Eine weitere Innovation der CENTURY war das energiesparende Beleuchtungskonzept mit fast durchweg Energiesparlampen und Halogenleuchtmitteln. Erstmals in dieser Größenordnung wurde auch mit ge-

klebten Fensterflächen gearbeitet. Hatte man bis dahin immer noch Fensterrahmen gebraucht, so wurden die riesigen Fensterscheiben der zuvor erwähnten Observation Lounge auf dünnen Trägern einfach aufgeklebt, was für ein ganz neues Aussichtserlebnis in diesem hochgelegenen Raum sorgte.

Bereits auf der ORIANA vorhanden, aber seinerzeit immer noch als innovativ anzusehen, waren auch die Ausbootungsstationen auf Höhe der Wasserlinie. Für den Verkehr mit Tenderbooten, wenn das Schiff vor einem Hafen auf Reede ankern musste, gab es Plattformen, die bei Bedarf aus der Bordwand ausgefahren werden konnten und den Passagieren so einen sicheren Einstieg in die Boote ermöglichten.

Die Maschinenanlage der Century-Klasse war im Aufbau derjenigen auf der ORIANA ähnlich. Da die Celebrity-Schiffe allerdings hauptsächlich in karibischen Gewässern und zu den Bahamas kreuzen sollten – eben den in den USA besonders beliebten Urlaubszielen –, war keine ebenso hohe Geschwindigkeit nötig, und der Antrieb wurde entsprechend leistungsärmer für eine Geschwindigkeit von 21,5 Knoten ausgelegt.

Wie die vorherigen Schiffe der Meyer Werft besaß auch die CENTURY zwei Spatenruder. Zur Vermeidung ungewollter Vibrationen wurden diese leicht aus dem Schraubenstrom heraus versetzt.

Die Taufe der CENTURY nahm Tina Chandris, die Ehefrau des Reedereivorsitzenden, noch auf der Meyer Werft vor. Nach gelungener Emspassage, Probefahrten und Abschlussdockung bei Blohm + Voss konnte der Neubau am 30. November 1995 stolz an die neuen Eigner übergeben werden.

Konnte man die CENTURY als Schaufenster moderner Schiffbaukunst betrachten, dann wurde anhand der Nachfolgebauten GALAXY und MERCURY deutlich, dass das Typschiff der Klasse ein gelungener Prototyp war, den man aber noch verbessern konnte.

Die Entwürfe für die beiden Schwesterschiffe waren im Verhältnis zur CENTURY noch einmal vergrößert worden, sodass sie mit gut 77.700 BRZ die Messlatte für das größte jemals in Deutschland gebaute Passagierschiff abermals höher legten. Mit einer Länge von 264 Metern waren sie gegenüber ihrer Schwester knapp 14 Meter länger.

Im Inneren machte sich dies vor allem durch den Einbau eines zweiten Atriums bemerkbar, das weiter achtern lag, und den Vorraum des beeindruckenden Hauptrestaurants, das sich mit 1.100 Sitzplätzen über zwei Decks erstreckte, zum hinteren Treppenhaus öffnete.

1 Das weitläufige Theater der MERCURY wartete seinerzeit mit einer Hightech-Ausstattung auf.

Das Stichwort Multimedia ist hier bereits genannt worden, und GALAXY und MERCURY wurden seinerzeit gern als Multimedia-Schiffe bezeichnet, da man sich in noch größerem Umfang die Möglichkeiten moderner Unterhaltungstechnik zunutze machte.

Extra dafür wurde eine Kooperation mit Sony eingegangen, sodass stets die neuesten Videospiele und Unterhaltungsmöglichkeiten an Bord vorzufinden waren. Selbst im Hauptatrium wurde eine Videowand installiert, und mit Hilfe eines neuen Beleuchtungskonzepts konnte die Farbe der Glaskuppel über dem Raum der Tageszeit farblich angepasst werden.

Mit der Galaxy wurde eine hochmoderne Paneellinie in die Fertigung integriert, die im Stundentakt Decksektionen produzierte. Sie war der Vorläufer der im Jahr 2000 entwickelten Laserschweißanlage, und ermöglicht es, die Fertigungstaktzeiten erheblich zu reduzieren. Mit dem Laserschweißen gab es dann einen weiteren Quantensprung in der Fertigungstechnik.

Mit der Ablieferung der MERCURY am 15. Oktober 1997 endete der Bau dieser überaus erfolgreichen Schiffsklasse, die wieder sehr zur Ergänzung des Erfahrungsschatzes der Meyer Werft beigetragen und auch den

Bekanntheitsgrad des Unternehmens gesteigert hatte. Immerhin Zehntausende Schaulustige hatten im November 1996 entlang der Ems gestanden, als die GALAXY zum Meer überführt wurde.

Mit den Neubauten Mitte der 1990er-Jahre hatte die Meyer Werft die sogenannte Panamax-Größe erreicht (auch Panmax genannt), also die maximale Größenordnung, die noch die Schleusen des Panamakanals durchfahren kann. Zwar hätten die Papenburger Schiffe in der Länge noch wachsen dürfen, aber mit einer Breite von 32,2 Metern schien das Maximum erreicht. Bei ORIANA und GALAXY zeigte sich jedoch, dass eine präzise vermessene Fahrrinne für die Schiffsüberführung unerlässlich ist. Mit Hilfe einer dezimetergenauen Einmessung gelang dies wenig später. Das neue GPS-System unter Zuhilfenahme von Landstationen machte dies möglich.

Die äußeren Schwierigkeiten im Zusammenhang mit der Emsvertiefung auf 7,30 Meter hatten deutlich gemacht, dass auf eine weitere Vertiefung des Flusses nicht zu hoffen war. Es musste also eine andere Lösung her, denn es war abzusehen, dass auch weiterhin mit einer fortwährenden Größenentwicklung der Neubauten im Kreuzfahrtsektor zu rechnen war. Und für Geschäftsführung und Belegschaft der Meyer Werft gab es keinen Zweifel daran, dass man den erreichten Weltrang nicht einfach aufgeben wollte.

Ebenfalls in der zweiten Hälfte der 1990er-Jahre lag klar auf der Hand, dass die Meyer Werft aus allen Nähten platzte. Die Arbeit der Papenburger war gefragt. Mit hoher Qualität, günstigen Kosten und geradezu preußischer Termintreue hatte sich das Unternehmen weltweit einen Namen gemacht. Aber die Nachfrage überstieg mittlerweile bei Weitem die Kapazitäten der Werft.

Nicht nur wurden Bausektionen für Kreuzfahrtschiffe im Unterauftrag von anderen Werften ausgeführt. Selbst deutlich größere Arbeiten wurden mittlerweile so ausgelagert. Die Emdener Thyssen Nordseewerke bauten den Rumpf eines bei der Meyer Werft kontrahierten Gastankers. Der Umbau eines Viehtransporters wurde als Subauftrag des Papenburger Unternehmens in Litauen und Bremen ausgeführt. Erst die Endausrüstung fand bei der Meyer Werft statt.

Vor diesem Hintergrund gewann die Frage nach dem maximalen Überführungstiefgang weiter an Aktualität: Lohnte sich die Investition in einen weiteren Ausbau der Stammwerft? Oder war man mit der Aufstockung der Baukapazität in Form eines Zweigbetriebs mit freiem Zugang zum Meer besser beraten?

1 Blick ins Hauptrestaurant der GALAXY.
2 Ein nach innen gerichtetes „Fenster" in einer Suite der GALAXY findet man auch auf späteren Meyer-Neubauten – aber noch realistischer.
3 Im Hintergrund die Nordsee, aber der Poolbereich lässt einen schon von der Karibik träumen.
4 Die GALAXY auf hoher See.

In diesem Zusammenhang stehen auch die Probefahrten und Endausrüstung der letzten beiden Celebrity-Schiffe. Bis dato hatte die Meyer Werft den Hafen von Emden als Standort für diese letzten Arbeiten vor Auslieferung genutzt.

Schleusengrößen, Hafeneinfahrten und lange Revierfahrten auf der Ems zwangen die Werft zu Überlegungen, einen anderen Basishafen für die Erprobungsfahrten zu suchen. Emshaven, als Konkurrenz zu Rotterdam gedacht, war der ideale Hafen für die größer werdenen Schiffe und verringerte die Kosten und die Risiken erheblich.

Zu diesem Zeitpunkt hatte es in der Frage um die Tiefe des Emsfahrwassers bereits eine klare Entwicklung und damit ein Bekenntnis zum

Standort Papenburg gegeben. Nach wie vor waren auch die nieder-sächsische Landesregierung und die Region Emsland um ihren in-dustriellen Vorzeigebetrieb bemüht, und so konkretisierte sich ein Vorschlag, der kurioserweise im Rahmen der Debatte um die Ems-vertiefung einige Jahre zuvor aus den Reihen der Umweltschützer gekommen war: Der Bau eines Sperrwerks einige Kilometer oberhalb der Emsmündung konnte sowohl der Werft als auch der Region Vor-teile bringen.

Neben der offensichtlichen Verbesserung des Schutzes vor Sturmfluten im Hinterland konnte man sich ein Sperrwerk auch als temporäres Stau-wehr zunutze machen, um den Pegel der Ems kurzzeitig und auf die sanfteste Weise zu erhöhen. Damit gehörten sowohl die Belastung des

Flusses durch fortwährende Baggerarbeiten als auch die Belastung des Steuerzahlers durch die dadurch verursachten Kosten der Vergangen-heit an.

Natürlich war auch ein Sperrwerk ein Kostenfaktor für den Landeshaus-halt, aber die Investition würde sich im Laufe der Jahre amortisieren, wie eine im März 1997 gebildete Projektgruppe feststellte.

Die anfänglichen Machbarkeitsstudien mündeten schließlich in einem für derlei Projekte notwendigen Planfeststellungsverfahren und schließ-lich in dem Beschluss, bei Gandersum ein 476 Meter breites Sperrwerk zu bauen. Der erste Rammschlag für die Befestigung im Fluss fand am 17. September 1998 statt. Nun wird es in einem demokratischen Staat niemals ein Projekt in einer derartigen Größenordnung geben, das keine

1 Überführungsfahrt der GALAXY.
2 Mit dem Emssperrwerk bei Gandersum, den technischen Möglichkeiten eines besonderen GPS-Systems sowie durch das erfahrene und kompetente Überführungsteam sind die Emsfahrten heute wesentlich einfacher als in den 1980er Jahren.

Gegner hat – insbesondere, wenn wirtschaftliche Interessen gegen ökologische stehen.

Im Falle des Emssperrwerks erreichten Umweltschutzverbände und andere Gegner des Vorhabens nur zwei Monate nach Beginn der Arbeiten einen Baustopp vor dem Verwaltungsgericht Oldenburg aufgrund eines Formfehlers. Die wirtschaftliche Nutzung war in der Vorhabensbegründung unerwähnt geblieben. Damit begannen bange Monate für Bernard Meyer, die inzwischen auf 2.000 Köpfe angewachsene Belegschaft seiner Werft und damals geschätzte 10.000 Arbeitnehmer bei den Zulieferern in ganz Deutschland. Bis weit über das Emsland hinaus schrieb der folgende Kampf um den Weiterbau des Sperrwerks Schlagzeilen. Die daraus resultierende Debatte wurde emotional geführt –

wie nicht anders zu erwarten, wenn Naturschutz kontra Arbeitsplätze steht.[2]

Das Paradoxe an der ganzen Situation war, dass der Vorschlag, die Eingriffe in das Ökosystem der Ems durch ein Sperrwerk zu minimieren, ursprünglich aus den Reihen der Naturschützer gekommen war.

Die Meyer Werft machte selbst keinen Hehl daraus, dass die Überführung von Schiffen natürlich ein Eingriff in die Natur war, den man mit dem Sperrwerk auf ein erträgliches Minimum zu begrenzen trachtete. Und wie so oft

---

[2] Ausführlich geschildert wird dieser Komplex u.a. in der bereits erwähnten Werftchronik von Witthöft. Eine neuere Untersuchung aus dem Jahr 2010 zur wirtschaftlichen Bedeutung der Meyer Werft findet sich auf der Internetseite des Niedersächsischen Instituts für Wirtschaftsforschung unter www.niw.de.

in solchen Diskussionen wurden die Schiffe als greifbares Medium zum emotionalen Mittel der Debatte hochstilisiert, denn schlussendlich befürworteten alle beteiligten Behörden bis hin zur Landesregierung den Sperrwerksbau als Förderung des Küstenschutzes – und das inzwischen sehr erfolgreich. Nun mag man einen solchen Fragenkomplex nicht allein schwarz oder weiß, sondern vielleicht auch in vielen dazwischenliegenden Schattierungen von Grau betrachten. Für die Menschen auf der Meyer Werft und im Umland standen vor allen Dingen Arbeitsplätze auf dem Spiel.

Wie groß die Anteilnahme der Bevölkerung war, wurde am 18. Februar 1999 deutlich, als zu einer Kundgebung in Papenburg, die der Betriebsrat der Meyer Werft organisiert hatte, 15.000 Menschen auf die Straße gingen. Und die Rednerliste wies durchaus prominente Namen auf, darunter Gerhard Glogowski (niedersächsischer Ministerpräsident), Rudolf Seiters (Vizepräsident des Deutschen Bundestages), Christian Wulff (Fraktionsvorsitzender der CDU und späterer Bundespräsident) neben Mitgliedern des Bundestages und des Landtages, Gewerkschafts- und Betriebsmitgliedern, ja selbst Mitgliedern anderer Werften. Bundeskanzler Gerhard Schröder nahm an der Kundgebung nicht teil, übersandte aber eine Grußbotschaft, in der er seine Solidarität mit den Sperrwerksbefürwortern bekannte.

1 Das Atrium der SUPERSTAR LEO im 360-Grad-Blick.

Das rechtliche Gerangel um den Weiterbau des Sperrwerks ging noch lange weiter. Erst im Oktober 1999 endeten mit der Wiederaufnahme der Arbeiten viele Monate der Unsicherheit.

Die Schilderung ist den Ereignissen auf der Werft in diesem Zeitraum ein wenig vorausgeeilt. Mit der Ablieferung der MERCURY hatte die rund zehnjährige Kooperation der Meyer Werft mit Celebrity Cruises vorerst geendet. Mit der malaysischen Reederei Star Cruises bediente man aber wiederum einen interessanten Kunden mit einem anspruchsvollen Bauprogramm.

Star Cruises war erst 1993 als Ableger des finanzstarken malaysischen Tourismus-Konzerns Genting ins Leben gerufen worden, dessen Gründerfamilie ein Vermögen mit Urlaubsresorts und Casinos gemacht hatte. Mit dem Aufbau einer Reederei wollte man die erfolgreichen Urlaubskonzepte auch auf das Wasser ausdehnen und dabei neue Kunden gewinnen. Nicht nur Rentner und jene, die man neudeutsch „Best-Ager" nennt, wollte man ansprechen, sondern auch Familien und Junggebliebene.

Interessanterweise gibt es auch hier eine Verbindung zur Meyer Werft, denn die ersten beiden Schiffe von Star Cruises waren zwei umgebaute Fähren, die man 1993 von der in Konkurs gegangenen Rederi AB Slite erworben hatte. Binnen weniger Jahre erweiterte Star Cruises seine Flotte

1 Architektonisches Highlight der SUPERSTAR VIRGO: das Atrium.
2 Ein sehr kompaktes Äußeres kennzeichnet die Neubauten für Star Cruises.

auf sieben Schiffe, mit denen man hauptsächlich das Premiumsegment des asiatischen Kreuzfahrtmarktes im Visier hatte.

Als Star Cruises 1997 bei der Meyer Werft den Auftrag für zwei Kreuzfahrtschiffe platzierte, die speziell auf die Wünsche und Vorlieben asiatischer Gäste zugeschnitten sein sollten, war die Reederei bereits der größte Kreuzfahrtanbieter Asiens und die Nummer vier weltweit.

Mit 75.338 BRZ übertrafen die beiden Neubauten zwar nicht die zuletzt gelieferten Schiffe der Meyer Werft, aber mit ihrer Panamax-Größe blieben sie auch nicht weit dahinter zurück. Der Namensgebung von Star Cruises folgend, bei der alle Schiffe nach Sternzeichen benannt wurden, erhielten die Baunummern 646 und 647 die Namen SUPERSTAR LEO (für das Sternbild Löwe) und SUPERSTAR VIRGO (Jungfrau).

Noch während sich die MERCURY im Bau befand, begann die SUPERSTAR LEO im Baudock heranzuwachsen. Und noch bevor sie überhaupt ausgedockt war, erteilte Star Cruises der Werft bereits Aufträge für zwei Schiffe einer auf 85.000 BRZ vergrößerten Libra-Klasse.

Die SUPERSTAR LEO wurde am 11. Juli 1998 ausgedockt – und dass man dieses Ereignis erstmals live im Internet verfolgen konnte, sprach ebenso dafür, dass ein neues Zeitalter anbrach, wie das Schiff selbst schon rein optisch einer neuen Generation angehörte. Die Meyer Werft machte sich bereit für das neue Millennium.

Hatte Jon Bannenberg einige Jahre zuvor noch Bedenken gehabt, zu viele Balkone könnten die Optik der Century-Klasse beeinträchtigen, so sprach die SUPERSTAR LEO eine deutliche Sprache: Es gab einen Bedarf an

Balkonkabinen, und dieser war möglichst umfassend zu befriedigen. Sechzig Prozent der Kabinen des neuen Schiffes lagen außen, und zwei Drittel von ihnen besaßen einen Balkon – was dem Schiff die Anmutung des viel zitierten schwimmenden Appartementhauses verlieh. Was man davon hält, mag jeder für sich selbst entscheiden. Der Markt ist immer schon dem Bedarf gefolgt, und wenn die Mehrzahl der Reisenden sich am Aussehen von Schiffen dieser Art stören würde, würden sie nicht gebaut werden. Davon abgesehen bekommen die Passagiere das Schiff ohnehin die meiste Zeit von innen zu Gesicht und müssen sich durch derlei Überlegungen nicht vom Genuss ihres Urlaubs ablenken lassen.

Mehr als durch ihr Äußeres machte die SUPERSTAR LEO ohnehin durch ihre luxuriöse Einrichtung auf sich aufmerksam, und es bietet sich an, auch hier wieder zuerst einen Blick auf das Atrium als zentrales Vorzeigestück aller modernen Kreuzfahrtschiffe zu werfen – denn die Ära der pompösen Atrien hatte gerade erst begonnen.

Als größter Raum an Bord erstreckte es sich über insgesamt sechs Decks und war im Stile eines Innenhofs mit mediterranen Fassaden gestaltet. Eine doppelläufige geschwungene Treppe für den Auftritt in festlicher Abendgarderobe umschloss ein Podium mit Piano. Darüber erhoben sich drei gläserne Fahrstühle.

Durch diesen beeindruckenden Raum betraten Passagiere fortan das Schiff, um von einer Welt des Luxus in Empfang genommen zu werden. Mit einem Verhältnis von einem Besatzungsmitglied pro 1,8 Passagieren rangierte Star Cruises mit der SUPERSTAR LEO unter den luxuriösen Reedereien sehr weit vorn.

Dies spiegelte sich allerorten auf dem Schiff wider. Durch Öffnen von Verbindungstüren ließen sich Suiten von bis zu 130 m² Größe erschließen. Eine etwas ungewöhnliche Besonderheit waren dabei offene Bäder mit Whirlpool und Bett in ein und demselben Raum.

Für kulinarische Genüsse stand nicht nur das Hauptrestaurant mit Panoramafenstern auf das Heckwasser und Platz für 650 Passagiere pro Sitzung zur Verfügung, sondern auch je ein chinesisches und ein japanisches Spezialitätenrestaurant lockten verwöhnte Gäste.

Und da nicht nur das Glücksspiel in vielen asiatischen Ländern verboten ist, sondern auch der Genting-Konzern seine Größe den Einnahmen daraus verdankte, war das 1.600 m² große Casino für viele Passagiere mit Sicherheit eines der Highlights an Bord.

Als besondere Kuriosität ist noch der bayrische Biergarten unter freiem Himmel auf Deck 13 zu nennen.

Doch auch in technischer Hinsicht hatte die SUPERSTAR LEO neues zu bieten: Als erster Kreuzfahrer der Meyer Werft wurde sie von einer diesel-elektrischen Maschinenanlage angetrieben, bei der vier MAN-Dieselmotoren als Stromgeneratoren für den Schiffsbetrieb und für zwei Fahrmotoren des schwedischen Herstellers ABB dienten. Und wo noch wenige Jahre zuvor die 24 Knoten der ORIANA aufhorchen ließen, plante man für die SUPERSTAR LEO eine ähnliche Geschwindigkeit wie selbstverständlich. Während der Probefahrten wurden sogar 26 Knoten erreicht.

Niemand spricht gern über Brände auf See oder womöglich eine nötige Evakuierung. Und ausgeklügelte Sicherheitssysteme zur Vorbeugung von Zwischenfällen jeglicher Art sorgen dafür, dass moderne Kreuzfahrtschiffe zu den sichersten Verkehrsmitteln überhaupt zählen. Und gerade dieser hohe Standard ist Ansporn zu stetiger Weiterentwicklung. Im Falle der SUPERSTAR LEO bedeutete dies die erstmalige Installation selbsttätig aufblasender Rettungsrutschen auf einem Kreuzfahrtschiff. Vergleichbar mit der Rettungseinrichtung von Flugzeugen, können Passagiere damit im Falle einer Evakuierung – möge die Eventualität niemals Realität werden! – in Sekundenschnelle das Schiff verlassen und in eine wartende Rettungsinsel rutschen.

Diese neue Einrichtung wurde nach Beendigung der Probefahrten im September 1998 stolz einem Fachpublikum aus Vertretern von Reedereien, Behörden, Werften und Zulieferfirmen vorgeführt.

Die Emspassage der SUPERSTAR LEO war ohne Probleme vonstatten gegangen, und auch bei den Probefahrten hatte es keine unliebsamen Zwischenfälle gegeben – jedenfalls nicht technischer Natur. Die SUPERSTAR LEO war als weltweit erstes Kreuzfahrtschiff mit einem Helikopter-Landeplatz ausgestattet, und dieser wurde außerplanmäßig mitgetestet, als auf hoher See ein Rettungshubschrauber auf dem Schiff landete, um ein Besatzungsmitglied mit akuter Blinddarmentzündung zu evakuieren.

Die SUPERSTAR VIRGO folgte ihrem Schwesterschiff im August 1999. Offenbar konnte die Werft die mit der SUPERSTAR LEO gesammelten Erfahrungen beim Bau des zweiten Schiffes für Star Cruises gut einsetzen, denn die Auslieferung erfolgte beeindruckende vier Wochen vor dem vertraglichen Termin. Und das, obwohl man die Emspassage wetterbedingt hatte verschieben müssen.

1 SUPERSTAR LEO und SUPERSTAR VIRGO waren die Prototypen für eine ganze Reihe von Schiffen zu Beginn des neuen Jahrtausends.

Von einer etwas abweichenden Gestaltung der Innenräume abgesehen, war die SUPERSTAR VIRGO mit ihrer älteren Schwester weitgehend identisch. Lediglich das Casino war nach ersten Erfahrungen im Betrieb der SUPERSTAR LEO auf Wunsch der Reederei noch attraktiver gestaltet worden.

Die SUPERSTAR VIRGO wurde am 2. August 1999 an Star Cruises übergeben. Anlässlich der Übergabe unterzeichnete Tan Sri Lim Kok Thay, der Vorstandsvorsitzende der Reederei, eine Absichtserklärung für den Bau von noch zwei weiteren Schiffen der Sagittarius-Klasse. Mit ihnen sollte

die Meyer Werft erstmals die magische Grenze von 100.000 BRZ überschreiten.

An die Absichtserklärung war die Bedingung geknüpft, dass durch die Fertigstellung des Emssperrwerkes die sichere Überführung der beiden Neubauten gesichert sei.

Dieser Vertrauensvorschuss der asiatischen Reederei war bittersüß vor dem Hintergrund, dass P&O sich aus dem gleichen Grund gerade entschieden hatte, ein groß angelegtes Neubauprogramm bei französischen und italienischen Werften in Auftrag zu geben.

1 Die AURORA ist benannt nach der Göttin der Morgenröte. Eine entsprechende Skulptur ziert den Wasserfall in ihrem Atrium.
2 In puncto Ausstattung nimmt das Theater der AURORA es mühelos mit seinen Counterparts im Londoner West End auf.

Nach den etwas unrunden Umständen im Zusammenhang mit der Ablieferung der ORIANA musste man es als Zeichen des Vertrauens werten, dass die Reederei 1997 ein Schwesterschiff bei der Meyer Werft in Auftrag gegeben hatte. Baunummer 640, die AURORA, folgte dem gleichen Entwurf wie die ORIANA und war ebenfalls als Kreuzfahrtschiff für den weltweiten Einsatz für eine vorwiegend britische Klientel konzipiert. Da zwischenzeitlich aber die technische Entwicklung weitergegangen war, entschied man sich gegen den Bau eines exakten Schwesterschiffes und stattdessen für eine Weiterentwicklung.

Mit gut 76.000 BRZ war die AURORA ein wenig größer als die ORIANA, was nicht nur einer um zehn Meter größeren Länge geschuldet war, sondern vor allem der Konzeption als Super-Panamax Schiff. War Panamax bis dahin das Maß aller Dinge gewesen, so waren findige Schiffbauer (aus Finnland, sei der guten Ordnung halber hinzugefügt) auf die Idee gekommen, dass die Schleusen des Panamakanals zwar der maximalen Rumpfbreite Beschränkungen auferlegen. Da moderne Kreuzfahrtschiffe jedoch die Gebäude links und rechts der Schleusen weit überragen, spricht nichts gegen auskragende Aufbauten.

Obwohl also die AURORA eine ähnlich schlichte Linienführung aufwies wie ihre ältere Halbschwester, war sie oberhalb des Bootsdecks breiter. Eine deutlich größere Anzahl Balkonkabinen – auch P&O hatte sich von Vorstellungen veralteter Ästhetik verabschiedet – und ein mehr gerundetes Heck ergänzten die äußerlichen Unterschiede.

Auch bei den Innenräumen war man mit der Zeit gegangen. Zwar waren sie wiederum mit einem besonderen Auge für den britischen Geschmack entworfen worden, aber mit einer aufgefrischten Optik.

Mit einer Höhe von „nur" vier Decks ragte das Atrium nicht ganz so hoch auf wie jenes auf der SUPERSTAR LEO, dafür war es mit viel Marmor, Bronze und Naturstein und einer riesenhaften Wasserfallstatue besonders elegant geworden.

Und auch technisch war man modernen Trends, wie einem dieselelektrischen Antrieb und den zuvor beschriebenen Notfallrutschen, gefolgt.

Von diesen Weiterentwicklungen eines bereits erfolgreichen Konzeptes abgesehen, war die AURORA mit der ORIANA aber ebenso sehr vergleichbar wie die beiden Schiffe für Star Cruises miteinander.

Die AURORA wurde am 15. April 2000 an P&O übergeben. Übrigens hatte auch sie eine royale Taufpatin. Ehrengast der feierlichen Zeremonie in Southampton einige Tage nach der Übergabe war Princess Anne.

Die AURORA war das letzte Schiff, das die Meyer Werft in den ausklingenden 90er-Jahren baute, und das erste, das sie im neuen Millennium ablieferte. Betrachtet man die AURORA aus gut zehn Jahren Abstand, dann wirkt sie ein wenig wie eine Zusammenfassung. Sie setzte einen Schlusspunkt unter die Art Schiff, das die Meyer Werft in den 1990er-Jahren gebaut hatte, und beinhaltete gleichzeitig all die Innovationen und Erfahrungen, mit denen und an denen die Werft in diesem Zeitraum gewachsen war.

Das große Bangen um die Zukunft der Werft war vorüber. Der weltweite Kreuzfahrtboom war ungebrochen, und die Meyer Werft wollte mithalten, aber auch die Entwicklung vorantreiben – ihre eigene und die der Kreuzfahrtschiffe.

1 Die AURORA an der Ausrüstungspier der Werft. Gut zu erkennen sind hier die seitlich 70 Zentimeter weit auskragenden Oberdecks.

PETER TÖNNISHOFF

EIN VIERTELJAHRHUNDERT SEEREISEN IN DEUTSCHLAND

KREUZFAHRTEN ELITÄR ODER POPULÄR – UND IMMER LOCKTE DAS MEER

PETER TÖNNISHOFF schreibt seit mehr als einem Vierteljahrhundert über Schiffe und Kreuzfahrten. Der in Bremen aufgewachsene Sohn eines Kapitäns kennt eine große Schiffsflotte aus eigener Erfahrung. Berichte aus seiner Feder rund um die Kreuz-

fahrt – darunter auch eine Schiffs-Testserie für Europas führendes Reisebüromagazin „FVW international" – wurden in mehr als 50 Zeitungen und Zeitschriften veröffentlicht. Seit 1999 gibt Peter Tönnishoff zusammen mit seiner Frau das jeweils im November erscheinende Cruise-Magazin „Welcome Aboard" heraus.

Ich erinnere mich noch gut an meine erste „richtige" Kreuzfahrt – mit der ARKONA. Damals, 1986, war sie gerade sechs Jahre jung und ein ganz besonderer Ferienliner für Deutsche im Westen und im Osten. Die Meyer Werft hatte gerade in diesem Jahr ihr erstes Kreuzfahrtschiff abgeliefert. Als zweites TRAUMSCHIFF in der gleichnamigen, seit 1981 ausgestrahlten TV-Serie hatte es noch zwei Jahre zuvor seinen Erstnamen ASTOR getragen und war der Stolz der ehrgeizigen Hamburger Reederei HADAG, die zeigen wollte, dass sie nicht nur Elbfähren und Ausflugsschiffe betreiben kann. Aber schon nach kurzer Fahrzeit wechselte die ASTOR mit kurzer Zwischenstation in Südafrika über in die DDR. Am Bug stand nun der Name ARKONA, und am Signalmast flatterte die Fahne der DSR (Deutfracht/Seereederei Rostock). Jetzt kreuzte sie für Urlauber zum Beispiel aus Schwerin, Leipzig und Halle oder – in den Sommermonaten in Charter des seinerzeit in Westdeutschland marktführenden Kreuzfahrtenveranstalters TUI/Seetours International – für Reisende etwa aus

Hamburg, München, Delmenhorst und Saarbrücken. „Wessis" auf großer Fahrt, betreut von „Ossis", das war vor der Wende schon eine besondere Situation und in dieser Form ohne Parallele. Das für anspruchsvolle Gäste konzipierte, seinerzeit hochmoderne Schiff mit seiner etwas erdrückenden Einrichtung im Mahagoni-Look bekam gute Noten, besonders für seine Küchenleistungen unter Leitung der besten DDR-Köche. Es punktete besonders mit einem Swimmingpool außen und innen – damals, vor dem Siegeszug des Schiebedachs über dem Schwimmbad (genannt Magrodome), ein starkes Verkaufsargument.

Noch im selben Jahr lernte ich das einstige Costa-Flaggschiff EUGENIO C kennen. Dieser durch und durch italienische Liner mit einem schnittigen, ewig langen Vorschiff und herrlichen Rundungen an den richtigen Stellen zählte seinerzeit bei uns Deutschen zu den beliebtesten Kreuzfahrtschiffen. Äußerlich ein Hingucker wie die damaligen Sportwagen von Ferrari,

1 Zu den beliebtesten Kreuzfahrtschiffen der Deutschen in den 1980er Jahren zählten die Astor-Schwesterschiffe, hier die zweite ASTOR von 1987 im aktuellen Look.

Alfa Romeo & Co. aus Bella Italia und mit über 27 Knoten sehr schnell, war es aber auch mit allen Nachteilen jener Schiffe versehen, die ihre Karriere als Liner begonnen hatten und nun ihr Geld in der Kreuzfahrt verdienten. Das merkte man ganz besonders in den Kabinen, von denen viele mit weniger als zehn Quadratmetern geradezu winzig erschienen. Küche und Service waren voll in italienischer Hand – das gibt es schon lange nicht mehr –, denn eine starke Gewerkschaft kochte sozusagen noch mit. Ein bisschen Kaviar, Hummer, schmackhafte Rindersteaks, nachgereichtes Gemüse, am Tisch zubereitete Nudelspezialitäten, das konnte noch in den 80er-Jahren an Bord eines preislich mit gut 350 DM pro Tag und Gast im Mittelfeld angesiedelten Schiffes wie der EUGENIO C erwartet werden.

UNTER HAMMER UND SICHEL – DIE 80ER

Bei Deutschen besonders beliebt waren in den 1980ern die „Russen"-Schiffe – wie man die Einheiten mit Hammer und Sichel auf dem Schornstein aus Leningrad oder Odessa von der Baltic Shipping Com-

pany oder der Black Sea Shipping Company gern bezeichnete –, weil sie preislich unschlagbar waren. Beliebte Schiffe in dieser Zeit, in der jährlich 150.000 bis 170.000 Deutsche eine Kreuzfahrt buchten, hießen BELORUSSIYA, KAZAKHSTAN, AZERBAYDZHAN, DIMITRI SCHOSTAKOVICH, IVAN FRANCO, TARAS SCHEVCHENKO, ODESSA, LEONID BREZHNEV oder GRUZIYA, um nur einige zu nennen. Als Star in dieser bunten Flotte galt die MAKSIM GORKIY, die ehemalige HAMBURG. Sie war 1969 nach dem letzten Weltkrieg der erste große Passagierschiff-Neubau in Deutschland und Stolz der kurzlebigen Deutschen Atlantik Linie gewesen. Trotz Wechsel zur Black Sea Shipping Company/Odessa und mit ihrem Zweitnamen blieb sie stets eine „Deutsche". Neckermann machte es möglich. Wie beliebt dieses Schiff war, zeigte sich sehr deutlich, als sich Neckermann von der MAKSIM trennte. Das Bonner Unternehmen Phoenix Reisen sah seine Chance gekommen und unterschrieb einen langfristigen Vertrag. Für das Schiff wichtige Manager wie Seereisenchef Hubert Schulte-Schmelter und der Kreuzfahrtdirektor Winfried Prinz zogen mit und blieben sozusagen an Bord. Wie sich rasch zeigen sollte, war das für Phoenix der Beginn einer Erfolgsstory in der deutschen Hochseekreuzfahrt. Wohl kein anderes Schiff konnte in dieser Zeit und bis zu seiner Außerdienststellung 2009 eine so große Fangemeinde an sich binden wie die MAKSIM GORKIY (MAXIM GORKI in späterer Schreibweise). Es ist wirklich schade, dass die Stadt Hamburg diesen ehemals nach ihr benannten und in der Elbmetropole gebauten wirklichen Kreuzfahrt-Klassiker nicht als Museumsschiff erhalten konnte.

Als ein weiterer Star in der Hammer-und-Sichel-Flotte galt bei den Deutschen die 1987 in Kiel gebaute FEDOR DOSTOJEWSKIJ, eine etwas größere, ansonsten aber baugleiche Schwester der ARKONA ex ASTOR I. Nur sehr kurz war sie mit dem Namen ASTOR am Bug im Besitz der südafrikanischen Safmarine und wurde von der deutschen Tochter Globus Kreuzfahrten vermarktet. Das ging nur ein Jahr gut, dann erwarb bereits Black Sea Shipping das Schiff. Reisen mit der FEDOR konnten zunächst bei Neckermann und später bei Transocean gebucht werden. Sie ist übrigens jetzt wieder eine Deutsche, mit dem Erstnamen ASTOR am Bug und im Eigentum des primär auf Flusskreuzfahrtschiffe spezialisierten Finanzdienstleisters Premicon AG, und sie fährt für Transocean.

An Bord der vielen in Deutschland von mehreren Veranstaltern wie Seetours International, Transocean, TUI/Touropa oder Jahn-Reisen vermarkteten Kreuzer aus Leningrad/St. Petersburg oder Odessa haperte es oft mit der Kommunikation zwischen Gästen und Dienstleistern. Viel mehr als die Bestellung im Restaurant ging manchmal sprachlich nicht. Auch der Service entsprach nicht immer dem gewünschten Standard, aber dennoch wurden viele Deutsche nach der Erstfahrt mit einem „Russen" zu Wiederholungstätern. Wichtig waren in den 80ern ganz besonders die Route, der Preis, und dass die Mitreisenden Deutsch sprachen, was Sprachprobleme am Stammplatz im Bordrestaurant ausschloss.

SCHIFFE AUF DEM TV-KANAL

Ein Schiff bot damals wie kein anderes den deutschen Gästen, die eine internationale Atmosphäre bevorzugten und dennoch unter sich sein wollten, den gewünschten Rahmen: die VISTAFJORD. Sie schaffte es immer wieder, Deutsche und Amerikaner oder Briten in etwa gleichen Gruppenstärken an Bord zu locken, so dass keine Nation zahlenmäßig benachteiligt

1 Fast 40 Jahre lang eines der beliebtesten Schiffe im deutschen Kreuzfahrtmarkt war die MAXIM GORKIY (vormals HAMBURG).
2 Als „Traumschiff" vielen Deutschen ein Begriff, aber für die meisten unerschwinglich war Anfang der 80er die VISTAFJORD von Norwegian American Cruises.
3 Das Maß aller Dinge in Punkto Luxus auf dem deutschen Kreuzfahrtmarkt war in den 80er und 90er Jahren die 1981 gebaute EUROPA von Hapag-Lloyd.

war. Der klassisch gezeichnete Liner, Flaggschiff der Norwegian America Line und 1983 von Cunard erworben, hatte für viele Deutsche nur ein Handicap: Er zählte zu den wenigen wirklichen Luxuslinern in der Kreuzfahrt mit entsprechenden Preisen, die im Durchschnitt für den Gast bei 650 DM pro Reisetag lagen und damit um ein Vielfaches höher waren als bei den meisten russischen Kreuzfahrtschiffen. Und so erblasste mancher, der die VISTAFJORD als erstes TRAUMSCHIFF in der TV-Serie gesehen hatte und danach mit ihr in See stechen wollte, im Reisebüro beim Blick auf die Preise. Er buchte dann nicht selten einen Törn mit der ODESSA, IVAN FRANKO oder MAKSIM GORKIY. Die VISTAFJORD verließ übrigens schon nach kurzer Zeit als TRAUMSCHIFF den TV-Kanal. Die Serie wurde noch viele Jahre lang weitergedreht und ausgestrahlt, zunächst mit der ASTOR, später mit der BERLIN und zuletzt mit der DEUTSCHLAND.

Dank des Erfolgs der Fernsehserie wurde die BERLIN in den 1980ern und 1990ern recht populär. Schauspieler Heinz Weiss in der Rolle des Kapitäns und Gutmenschen Heinz Hansen, die damals noch junge, von Heide Keller gespielte Hostess Beatrice von Ledebur oder Sascha Hehn als Chefsteward und Frauenversteher Victor lockten viele Gäste auf die

Planken des aus heutiger Sicht winzigen Schiffes. Um die Nachfrage befriedigen zu können, musste die BERLIN verlängert werden, was zusätzliche Kabinen schaffte. Das war ein großes Thema für viele Zeitungen.

Damals bekam ich von Reiseblättern den Auftrag, über die neue Größe des Traumschiffs zu berichten. Ebenso wurde mein Artikel über den Stapellauf des ersten Kreuzfahrtschiffes HOMERIC bei der Meyer Werft gern genommen (es war hier der letzte Stapellauf, und beim Fotografieren holte ich mir nasse Füße! Danach schwammen alle Neubauten nur noch ganz unspektakulär in einer überdachten Halle auf) – das Medieninteresse in Deutschland an Schiffsthemen begann zu erwachen. Dazu muss man wissen, dass in den 80er Jahren eine neue EUROPA sowie die bereits angesprochenen Cruiser ASTOR und BERLIN von Werften in Bremen, Hamburg und Kiel abgeliefert worden waren und dafür natürlich Werbung gemacht wurde. Anders als die vielen von Linern in Ferienkreuzer umgewandelten Schiffe war dieses Trio nun ausschließlich für Kreuzfahrten konzipiert.

1 Hochsee- und Flusskreuzfahrten stehen bei deutschen Touristen hoch im Kurs, wobei rund zwei Drittel aller Urlauber sich für das Hochseeschiff entscheiden.

2 Die AIDA-Clubschiffe krempelten den deutschen Kreuzfahrtmarkt nachhaltig um.

DIE 90ER JAHRE

Kreuzfahrt in Deutschland – was tat sich in den 1990er-Jahren? Die Zahl der in See stechenden Urlauber legte langsam auf knapp eine halbe Million pro Jahr zu, wobei hier die Flusskreuzfahrten mitgezählt sind. Gemessen in Gästezahlen, hieß der Marktführer im Jahr 1990 Seetours International. Sozusagen im Kielwasser folgten Transocean Tours und Phoenix Reisen. Der letztgenannte Veranstalter hatte NUR Touristik/Neckermann vom dritten Platz verdrängt, denn der musste mit einigen Problemen mit dem MAKSIM-Ersatzschiff, der VASCO DA GAMA, kämpfen. Alexander Möbius, der neue, überaus engagierte Seereisenchef, schaffte es kurzfristig die Lücke zu füllen mit der FEDOR DOSTOJEWSKI ex ASTOR II. Er rundete das Angebot ab mit der im unteren Reisepreisbereich angesiedelten ASTRA. 1993 jubelte Neckermann Seereisen über 17.000 generierte Gäste und sah sich als deutscher Meister in der Kreuzfahrt. Möbius erinnert sich: „Meilensteine waren damals ein westliches Catering auf einem russischen Schiff und ein neues Entertainment mit in der deutschsprachigen Kreuzfahrt noch unbekannten Production Shows."

ZIELGRUPPEN-ENTDECKER

Für das Jahr 1990 meldete das zur Förderung der Kreuzfahrt in Deutschland geschaffene Seepassage-Komitee insgesamt 184.119 Kreuzfahrer, die durchschnittlich 13,3 Tage unterwegs gewesen waren und 317 DM pro Reisetag bezahlt hatten. In diesem Jahr trat auch der erste Restplatzanbieter für Seereisen seine „Jungfernreise" an – die Kreuzfahrtbörse Intermaris. Sie konnte mehreren in Not befindlichen Anbietern helfen. Interessant war in dieser Zeit, wie sich diverse Veranstalter bemühten, ihre Schiffsangebote auszuweiten, um auch Sonderwünschen gerecht zu werden und so neue Zielgruppen zu erreichen. Zum Beispiel Transocean Tours versuchte es für kurze Zeit mit dem Abenteuer-und-Entdeckerschiff COLUMBUS CARAVELLE und Törns in die Antarktis zu „Kampfpreisen". Der auf Luxusreisen spezialisierte Hamburger Veranstalter Hanseatic Tours wollte es wissen mit einer von ihm gecharterten Megayacht, die den Namen HANSEATIC RENAISSANCE erhielt. Aber der Eigner Renaissance Cruises schwächelte wirtschaftlich. Das Schiff ging an die Kette – aus der Traum der Hamburger. Der Erfinder der „Kreuzfahrten

DER DEUTSCHE HOCHSEEKREUZFAHRTEN-MARKT 1999–2010

Jahr	Gästezahl	Gäste-nächte	Umsatz in Mio. €	Durchschnittl. Reisepreis €	Mittl. Tagespreis €
1999	331.000	3.496.000	660	1.997	194
2000	379.000	3.831.000	747	1.967	195
2001	392.000	3.956.000	780	1.989	197
2002	428.000	4.325.000	879	2.051	203
2003	537.000	5.377.000	1.073	1.989	200
2004	584.000	5.734.000	1.140	1.955	199
2005	639.000	6.143.000	1.220	1.913	199
2006	705.000	6.851.000	1.360	1.928	198
2007	762.000	7.133.000	1.437	1.885	202
2008	907.000	8.498.000	1.693	1.868	199
2009	1.026.000	9.985.000	1.930	1.881	193

2010 wurden 1.219.473 Hochseegäste gezählt, was gegenüber dem Vorjahr einem Plus von 18,9 Prozent entspricht   QUELLE: DRV 2010

DER DEUTSCHE FLUSSKREUZFAHRTEN-MARKT 1999–2009

Jahr	Gästezahl	Gäste-nächte	Umsatz in Mio. €	Durchschnittl. Reisepreis €	Mittl. Tagespreis €
1999	139.000	1.043.000	132	954	127
2000	187.000	1.366.000	188	1.006	138
2001	216.000	1.622.000	224	1.036	138
2002	221.000	1.832.000	265	1.197	144
2003	274.000	2.235.000	313	1.142	140
2004	298.000	2.294.000	355	1.185	144
2005	311.000	2.373.000	370	1.173	141
2006	326.000	2.623.000	364	1.137	154
2007	334.000	2.592.000	394	1.180	152
2008	384.000	2.932.000	443	1.154	151
2009	396.000	3.116.000	424	1.070	136

2010 wurden 432.766 Flussfahrtengäste gezählt, was gegenüber dem Vorjahr einem Plus von 9,3 Prozent entspricht   QUELLE: DRV 2010

ohne Nerz", Jahn Reisen, zog sich 1991 aus der Kreuzfahrt zurück. Das jüngste Schiff in der Jahn-Flotte, die kleine, yachtähnliche, aber mit schriller Bemalung auffallende VISTAMAR fand mit plantours + Partner in Bremen rasch einen neuen Charterer. Insbesondere mit Leserreisen wurde die nun unter Flagge der Hanseaten mit dezenterem Outfit versehene VISTAMAR eine feste Größe in der deutschen Kreuzfahrt. Auch NUR/Neckermann probierte es nach dem Ausscheiden der FEDOR DOSTOJEWSKIJ mit einem neuen Schiff und Konzept: Die ITALIA PRIMA, ein Oldie mit spannender Laufbahn, von dem nur der Rumpf verwendet und alles andere neu aufgebaut worden war, versprach „fünf Sterne zum russischen Preis". Für manche überraschend, entschied Neckermann 1997, sich aus dem Geschäft mit Vollcharter-Kreuzern zu verabschieden. In diesen Jahren ging die auf Expeditionsreisen spezialisierte Discoverer Reederei wirtschaftlich in die Knie. Schon 1991 konnte sie von der Werft die von ihr bestellte SOCIETY EXPLORER nicht abnehmen. Das war eine Chance für den Hamburger Luxusreisen-Spezialisten Hanseatic Tours, der

das Schiff dann mit dem Namen HANSEATIC in Fahrt brachte. 1996 übernahm Hapag-Lloyd Kreuzfahrten diesen Veranstalter und damit auch diesen Liner.

In den 1990er-Jahren passierte viel. Reeder Peter Deilmann erfüllte sich einen Jugendtraum, ließ auf einer Werft in Elsfleth die Barkentine LILI MARLEEN bauen und setzte sie in der Kreuzfahrt ein. Die genuesische Company Costa versuchte, Deutsche auf ein eigens für sie zugeschnittenes Schiff zu locken. Ihre COSTA MARINA warb geschickt mit dem Slogan „La deutsche Vita". In der Mitte dieses Jahrzehnts traten zwei neue Reedereien ihre Jungfernreisen in der Kreuzfahrt an, die besonders deutsche Gäste im Fokus hatten bzw. haben: Festival Cruises mit dem Stammsitz in Griechenland und die italienische Mediterranean Shipping Company, MSC. Beide mit Secondhand-Kreuzern – damals noch.

1 Für zwanglose Kreuzfahrterlebnisse stehen MEIN SCHIFF 1 und 2. Beide Schiffe wurden Mitte der 1990er-Jahre ursprünglich in Papenburg gebaut.

NEUE SCHIFFE FÜR DEUTSCHLAND

Dass die Reedereien weltweit die Kreuzfahrt „entdeckt" hatten, zeigt ein Blick auf die bei den Werften vorliegenden Aufträge im Jahr 1995: 33 Kreuzfahrtschiffe für 18 Betreiber. Darunter vier interessante, zwischen 1996 und 1999 abgelieferte Einheiten für den deutschsprachigen Markt. Das waren die kleine und damit vielseitig einsetzbare COLUMBUS der Conti Reederei und von Hapag-Lloyd in Vollcharter übernommen, eine neue, nun als Megayacht gestylte EUROPA, ebenfalls für Hapag-Lloyd, das Deilmann-Flaggschiff DEUTSCHLAND im Look traditioneller Ozeanliner und das erste, für eine junge bzw. jung gebliebene Zielgruppe konzipierte Clubschiff AIDA der Deutschen Seetouristik. Damals konnte noch keiner ahnen, dass in nur anderthalb Jahrzehnten die AIDA-Familie auf acht Mitglieder anwachsen würde und bis 2016 noch vier weitere hinzukommen werden – davon sieben made by Meyer in Papenburg. Denn alle bisher auf deutschen Werften für Deutsche gebauten Kreuzer waren mit Ausnahme der ASTOR-Zwillinge Einzelgängerinnen und ohne

Schwestern geblieben wie die REGINA MARIS (1965), HAMBURG (1969), BERLIN (1980), EUROPA (1982), der Segler LILI MARLEEN (1994), die COLUMBUS (1997) und DEUTSCHLAND (1998).

Die erste Dekade im neuen Jahrtausend stand für einen anhaltenden Boom in der deutschen Kreuzfahrt. Die Zahl der in See stechenden Urlauber legte von Jahr zu Jahr zweistellig zu, was gleichermaßen für Hochsee- und Flusstörns galt. Für 2010 meldete der Deutsche Reisebüroverband mehr als anderthalb Millionen Kreuzfahrer, davon etwa ein Drittel auf Flussschiffen. Weltweit gesehen nahm Deutschland nach den USA und Großbritannien stets Platz drei ein. Dabei wissen die Reedereien sehr zu schätzen, dass Deutsche nicht ganz so extrem auf den (Niedrig-) Preis schauen wie etwa die Inselbewohner. Immer mehr ursprünglich in Gewässern der Neuen Welt verkehrende Kreuzer wurden in bei Europäern beliebte Fahrtgebiete verlegt. Die Innenarchitektur der Neubauten musste nun auch Europäern gefallen – ein gutes Beispiel dafür ist die „Solstice"-Klasse von Celebrity. Dass die Kreuzfahrtbranche so zulegen kann, hat verschiedene Gründe, zu denen auch eine Preis-gestaltung beiträgt, die das Vorurteil „Kreuzfahrt = teuer" widerlegt und so manchem Türkei-, Spanien- oder Griechenland-Pauschalurlaub-Anbieter nunmehr schlaflose Nächte bereitet. Es wäre aber unfair, den Kreuzfahrterfolg allein mit fallenden Preisen zu erklären, denn tatsächlich haben sich die Reedereien und ihre Vermarkter viel einfallen lassen, um neue Zielgruppen sozusagen ins Boot zu holen. Während einerseits die Tickets für die Reise billiger wurden, stiegen andererseits die Preise an Bord etwa für Getränke oder Ausflüge. Die Einkehr in Spezialitätenrestaurants an Bord, die Nutzung von Wellness-Oasen oder der Besuch im 3-D-Kino zum Beispiel kosten bei immer mehr Schiffen extra. Zu diesem Kurs passt es auch, dass das bei Kreuzfahrten übliche Trinkgeld auf manchen Schiffen direkt vom Bordkonto des Gastes abgebucht wird, wenn er kein Veto einlegt.

WILLKOMMEN IM CLUB

Dass die Kreuzfahrt in Deutschland im ersten Jahrzehnt des neuen Jahrtausend so rasant an Popularität gewinnen konnte, ist – und das ist auch im Kreis der Mitbewerber unbestritten – ein Verdienst der Schiffe mit dem Namen AIDA. Nach einem zunächst etwas schwierigen Start setzte sich ihr frisches, von Berufstouristikern anfangs belächeltes Clubschiff-Konzept mit Sport, Spaß, Wellness, exklusiven Production Shows, aber ohne Kapitänsempfang, Kleidervorschriften oder Trinkgeldempfehlungen durch. Schon bald verfügte die Marke AIDA auf dem deutschsprachigen Markt über eine Popularität, die nicht nur Kreuzfahrtreeder neidisch machen kann, sondern ebenso die Hersteller von Markenartikeln. Der hohe Bekanntheitsgrad ist natürlich auch das Ergebnis einer Werbekampagne, die es in dieser Form und so breit angelegt zumindest in der deutschen Kreuzfahrt noch nicht gegeben hatte. Dabei spielte es keine Rolle, ob als AIDA-Eigner nun die Deutsche Seereederei, für kurze Zeit die Norwegian Cruise Line, die P&O/Princess Cruises oder seit 2003 Aida Cruises als Tochter des US-amerikanischen Reedereiriesens Carnival den Kurs bestimmten. In den großen deutschen Publikumszeitschriften, in Tageszeitungen oder im Fernsehen – die AIDA war und ist offenbar allgegenwärtig. Parallel dazu sorgte stets eine beispielhaft gute Öffentlichkeitsarbeit dafür, dass man über die AIDA spricht. Die „Aida"-Welle hat sogar viele junge Journalisten ergriffen, für die eine Kreuzfahrt wegen der bekannten Vorurteile früher eigentlich kein Thema war.

Dazu muss man wissen, dass noch Mitte der 90er-Jahre die Mehrzahl der in Deutschland angebotenen Schiffe auf den konservativen Seereisenden zugeschnitten war. Also für jene, für die Blazer und Ballkleid, Brillanten und Bingo zusammengehören wie der Wind und das Meer. Wer eine lockere Atmosphäre bevorzugte, musste seinerzeit „fremdgehen" und mit einem Funship à la Carnival, Royal Caribbean, Princess oder Norwegian Cruise Line in der Karibik in See stechen. Hier aber ist die Bordsprache Englisch, was damals nicht wenige als Handicap empfanden.

Seit 2009 zeigt auch der deutsche Touristikriese TUI, unter dessen Dach sich u.a. auch Hapag-Lloyd Kreuzfahrten befindet, im Rahmen eines Joint Ventures mit Royal Caribbean mit zwei baugleichen Cruisern im TUI-Look Flagge: Sie heißen MEIN SCHIFF und unterscheiden sich durch eine „1" oder „2" hinter dem Namen. In einem Interview beschrieb der im Seereisengeschäft sehr erfahrene TUI Cruises-Chef Richard J. Vogel den Kurs so: „Wir bieten ein zeitgemäßes Kreuzfahrterlebnis für den deutschsprachigen Markt und richten uns an Gäste, die sich weder von den traditionellen Angeboten noch durch Clubkonzepte zu 100 Prozent angesprochen fühlen, denen aber ein auf den deutschen Gast ausgerichtetes Angebot wichtig ist."

VIEL BEWEGUNG IN DER ERSTEN DEKADE DES NEUEN JAHRHUNDERTS

Trotz der stetig steigenden Zahl von Kreuzfahrttouristen gab es nicht nur Erfolgsmeldungen in der Kreuzfahrt. Insbesondere in den 2000er-Jahren verschwanden diverse internationale Reedereien im Cruisebusiness, und auch manche deutsche Seereisenspezialisten gerieten wirtschaftlich in schwere See. Die Peter Deilmann Reederei musste sich 2009 von ihrer gesamten Flusskreuzerflotte trennen und verfügt jetzt nur noch über den durch seine Fahrt als TRAUMSCHIFF auf dem TV-Kanal bekannten Luxusliner DEUTSCHLAND. Delphin- und Hansa-Kreuzfahrten mit ihren bei den Deutschen überaus beliebten Kreuzern DELPHIN und DELPHIN VOYAGER meldeten 2010 Insolvenz an. Vier Jahre zuvor hatte ebenso Holiday Kreuzfahrten mit den zwei hierzulande nicht zuletzt wegen ihrer günstigen Reisepreise populären Schiffsklassikern MONA LISA und LILI MARLEEN aufgegeben. Transocean Tours befand sich kurze Zeit wirtschaftlich in Seenot, steuert aber mit dem Partner Premicon im Boot wieder sicheren Kurs. 2004 kam nach nur zehnjährigem Bestehen das Aus für die griechische Reederei Festival Cruises mit ihren auf dem deutschen Markt beliebten zuletzt sechs Schiffen, darunter vier Neubauten.

Umgekehrt gab es in dieser Zeit auch viel Expansion. So wuchs die Flotte der erst 1995 in der Kreuzfahrt gestarteten Reederei Mediterranean Shipping Company rasant bis heute auf elf Schiffe – und weitere sind geordert. „Jungfernreisen" gab es insbesondere im Flusskreuzer-Markt. 2004 von der Deutschen Seereederei und der britischen Reederei P&O/

Princess gegründet, entstand die Marke A-Rosa. Dieser seit 2009 im Mehrheitsbesitz der Investmentgesellschaft Waterland Private Equity befindliche Flussreisen-Spezialist betreibt derzeit neun moderne Schiffe, die vom selben Architektenteam gestaltet wurden, das bei Aida seine frische Handschrift zeigt. Zwei weitere Flusscruiser, die wie die Vorgängerinnen auf der Neptun Werft in Rostock Warnemünde entstehen, kommen bis 2013 hinzu. Noch jung im Flusskreuzer-Business mit eigenen Schiffen ist der in Hannover beheimatete Reisekonzern TUI. 2008 trat die TUI MAXIMA im typischen blau-weißen Look dieses Unternehmens ihre Jungfernreise an. Mittlerweile ist die Flotte auf sechs Einheiten gewachsen. Zu einem deutschen Flussriesen entwickelte sich der Stuttgarter Spezialist Nicko Tours mit mehr als 20 Cruisern, wozu auch der Erwerb mehrerer ehema-

1 Das aktuelle „Traumschiff" – die DEUTSCHLAND der Reederei Peter Deilmann. Die Begeisterung für derartige Kreuzfahrtschiffe zeigt auch der Erfolg des Besucherzentrums der Meyer Werft. 300.000 Gäste jährlich kommen in die Geburtsstätte von AIDA & CO.

liger Deilmann-Kreuzer beitrug. Dass Hochsee- und Flussschiffe gut „zusammenpassen", beweisen diverse Anbieter. Phoenix Reisen bietet neben den Törns seiner drei Hochseekreuzer auch Reisen mit etwa 50 verschiedenen Flusseinheiten an. Ebenso neue Anbieter wie 1A-Vista haben sich erfolgreich auf den Wasserstraßen eingeschifft.

Waren internationale Schiffe vor noch gar nicht langer Zeit nur etwas für eine deutsche Minderheit, locken nun auch immer mehr internationale Hochseecruiser erfolgreich Deutsche auf ihre Planken. Das liegt sicher daran, dass die Bordsprache Englisch für immer weniger Reisende ein Problem darstellt. Und natürlich überzeugen ständig neue Highlights an Bord wie Planetarium, Glasbläserei, Rennsimulator, Surfen, Wildwasserbahn – um nur einige Superlative zu nennen – oder schlicht allein die Größe nicht nur die dafür besonders empfänglichen Amerikaner. Wer Schiffe mit europäischen Wurzeln mag, entscheidet sich für die mehrsprachigen Cruiser von Costa, MSC, Louis Cruises, Silversea, für die Segler von Sea Cloud oder Star Clippers oder, ganz speziell, für Küstenliner von Hurtigruten. Und wer gern Englisch parliert, wird eine Buchung bei Cunard, Crystal, Disney, Carnival, Royal Caribbean, Celebrity, Princess, Holland America Line, Oceania, NCL, Regent, Seabourn, SeaDream und anderen nicht ausschließen.

Die Entwicklung der Kreuzfahrt in Deutschland insbesondere im letzten Jahrzehnt versetzt auch gestandene Kreuzfahrtexperten ins Staunen. „Wir hätten uns nicht vorstellen können, dass es einmal Schiffe mit Platz für 5.000 Gäste geben könnte", bekennt Benjamin Krumpen, Geschäftsführer von Phoenix Reisen, der mit der ARTANIA (1.200 Betten) im Sommer 2011 den größten Liner im Angebot seines Hauses in Fahrt gebracht hat. Und der langjährige Hurtigruten-Geschäftsführer in Deutschland und frühere Hanseatic Tours-/Star Tours-Manager Bernd Stolzenberg resümiert: „Kein Teil der deutschen und internationalen Touristik hat sich in den letzten 25 Jahren so rasant entwickelt wie die Kreuzfahrt. Dies trifft auf den ersten Blick auf das Mengenwachstum zu – aber, und noch wichtiger, auch auf die Breite und die Tiefe der Angebotsvielfalt. Gab es beispielsweise vor einem Vierteljahrhundert nur die Wahl zwischen einer BELORUSSIA oder EUROPA, so kann sich der Kunde heute für Törns entscheiden auf Privatyachten oder auf Megaschiffen mit 5.000 Passagieren. Darüber hinaus ist der Leistungsumfang deutlich größer geworden bei zugleich niedrigeren Preisen. Und besonders in Deutschland geht die Entwicklung weiter. Mehr und mehr internationale Reedereien bieten ihre Produkte an. Dem

Publikum scheint's zu gefallen – Deutschland ist der stärkste Wachstumsmarkt in Europa."

Für den renommierten Seereisenexperten und Marktbeobachter Otto Schüssler gehören die vergangenen 25 Jahre zu den wichtigsten in der Entwicklung der deutschen Kreuzfahrt. Das ursprüngliche „Stiefkind" der Touristik habe sich zu einer ständig wachsenden Industrie entwickelt mit heute über 1,6 Millionen Hochsee- und Flussreisenden und einem Umsatz von über 2,5 Milliarden Euro.

Schüssler resümiert: „Keimzellen dieses Wachstumsmarktes waren in der Vergangenheit u. a. der Veranstalter Seetours und seit 1996 das Clubschiff ‚Aida'. Gleichzeitig stieg durch den Ausbau der internationalen Kreuzfahrtmärkte durch den Einsatz immer größerer und modernerer Neubauten auch das Interesse des deutschen Urlaubers an der Kreuzfahrt. Der Durchbruch für die Reiseform Kreuzfahrt gelingt in Deutschland endgültig im Jahre 2000, als die britische Reederei P&O Princess Cruises die beiden Veranstalter Seetours und AIDA Cruises übernimmt und Milliarden Euro in den Ausbau der zukünftigen Flotte investiert. 2003 kauft die Carnival Corporation P&O Princess Cruises und damit ebenfalls die Dachmarke Seetours mit AIDA Cruises und bestellt weitere Neubauten in Deutschland. Damit gehören die Seereisen zur bevorzugten Reiseform der deutschen Urlauber."

Wie groß die Begeisterung der Deutschen für Schiffe und Kreuzfahrten ist, lässt sich auch an der ständig gewachsenen Zahl der Seh-Leute ablesen. Schiffe schauen ist im Trend. Wenn die QUEEN MARY 2, eine ihrer königlichen Schwestern, oder andere schwimmende Berühmtheiten Hamburg anlaufen, sind Schau und Stau garantiert. Viele Tausende säumen dann zur Begrüßung oder Verabschiedung der Schiffe die Elbufer. Gleiches an der Ems. Verlässt mal wieder ein neuer Riese die Meyer Werft, pilgern die „Shiplover" aus allen Teilen der Republik nach Papenburg. Da ist einmal der harte Kern, also jene, die schon immer oder oft da waren, aber es finden sich auch jedes Mal unzählige neue Beobachter ein. Bis zu 100.000 an den Elbufern können es sein. Es versteht sich von selbst, dass mittlerweile wohl jedes Busunternehmen Ausflugsfahrten nach Papenburg anbietet und das Werft-Besucherzentrum ein Renner ist.

Das hätte sich nun wirklich keiner vorstellen können, damals – vor 25 Jahren.

CLUBSCHIFFE UND FREESTYLE CRUISER DES NEUEN MILLENNIUMS

In 15 Jahren im Bau von Kreuzfahrtschiffen hatte sich die Meyer Werft zum „Global Player" aufgeschwungen. Eine solche Entwicklung wäre nicht ohne kontinuierliche Investitionen in Mitarbeiter und Anlagen möglich gewesen. Die Meyer Werft musste sich dem Markttrend zu immer größeren und immer aufwändigeren Schiffen anpassen.

Dass nicht nur die Meyer Werft sich weiterentwickelte, sondern auch der Kreuzfahrtmarkt, und mit ihm die Schiffe, zeigen die spektakulären Neubauten, die im ersten Jahrzehnt unseres neuen Jahrhunderts von Papenburg die Ems hinabfuhren. Doch nicht nur die Schiffe wurden immer größer, auch die Unternehmen, die sie besaßen und bereederten, machten durch gigantische Wachstumssprünge auf sich aufmerksam.

Mit der Ablieferung der MERCURY war ein Jahrzehnt guter Zusammenarbeit mit Celebrity Cruises zu Ende gegangen. Die Familie Chandris hatte sich bereits vor der Übergabe des Schiffes aus dem Kreuzfahrtgeschäft zurückgezogen und die Reederei an den Großkonzern Royal Caribbean Cruises Ltd. (RCCL) verkauft, der damit zur zweitgrößten Kreuzfahrtreederei der Welt wurde.

Damit war ein Kunde vorerst verloren, denn die nächsten Celebrity-Neubauten wurden bei Chantiers de l'Atlantique in Frankreich gebaut.

Dafür bestand die Möglichkeit, RCCL für neue Projekte zu gewinnen. Das Unternehmen war ursprünglich Ende der 1960er-Jahre unter dem Namen Royal Caribbean Cruise Line als Konsortium dreier norwegischer Reedereien gegründet worden. Während seinerzeit alteingesessene und auch neue Reeder versuchten, mit Zweithand-Tonnage, die im Linienbetrieb keine Beschäftigung mehr fand, in den lukrativen Kreuzfahrtmarkt einzusteigen, waren die Skandinavier führend im Aufbau dessen, was heute die moderne Cruise Industry ist.

Die neue Reederei zielte auf ein wohlhabendes amerikanisches Publikum ab. Von Anfang an wurden ausschließlich luxuriöse Neubauten eingesetzt, und mehrmals machte Royal Caribbean durch die Indienststellung des jeweils größten Passagierschiffes der Welt von sich reden – zuletzt 2010 mit der pompösen, 225.000 BRZ großen ALLURE OF THE SEAS.

Im April 1998 konnte die Meyer Werft bekannt geben, von Royal Caribbean den Auftrag für zwei Luxuskreuzfahrer von 88.000 BRZ erhalten zu haben. Nur einen Monat später bestellte Star Cruises die bereits erwähnten zwei Einheiten der Libra-Klasse (so benannt nach dem Sternbild der Waage). Zu diesem Zeitpunkt ahnte noch niemand, dass die Infragestellung des

1 Die NORWEGIAN DAWN in dichtem Nebel an der Ausrüstungspier der Werft.

Emssperrwerks allen Beteiligten noch manch schlaflose Nacht bereiten würde.

Und noch bevor die Debatte um den Weiterbau des Sperrwerkes beigelegt war, unterzeichnete Star Cruises eine Absichtserklärung für den Bau zwei weiterer Schiffe – noch vor Baubeginn der Libra-Klasse. Die Sagittarius-Klasse war nach dem Sternzeichen Schütze benannt und sollte eine nochmals vergrößerte Version der zuvor in Auftrag gegebenen Schiffe darstellen. Mit ihr hätte die Meyer Werft zum ersten Mal die „magische Grenze" von 100.000 BRZ überschritten.

Parallel zu diesen Aktivitäten für Star Cruises stockte Royal Caribbean im November 1999 die bereits platzierte Bestellung auf insgesamt vier Schiffe auf und stellte noch zwei weitere Aufträge in Aussicht.

Während sich die AURORA als Millenniumsschiff der Meyer Werft der Fertigstellung näherte, konnten Bernard Meyer und seine Mitarbeiter sich über ein gut gefülltes Auftragsbuch freuen, das den Umbau eines Containerschiffes in einen Viehtransporter, weitere Schiffe für Indonesien, sechs fest kontrahierte Kreuzfahrtschiffe sowie vier Optionen beinhaltete – und damit Arbeit bis deutlich in das neue Jahrzehnt hinein.

Diese überaus positive Entwicklung ging einher mit dem weiteren Ausbau der Werft, präziser gesagt: der größten Investition in den Ausbau der Anlagen, den es in der Geschichte des Unternehmens je gegeben hatte.

Wie wir bereits im vorherigen Kapitel gesehen haben, hatte das Arbeitsaufkommen die Möglichkeiten der Werft längst überstiegen, sodass selbst stahlbauliche Leistungen zum Teil außerhalb eingekauft werden mussten. Der internationale Kreuzfahrtmarkt boomte, die Meyer Werft profitierte davon, und vorerst gab es keine Anhaltspunkte für ein baldiges Abflauen des Booms. Der Zeitpunkt für eine Investition konnte nicht besser sein.

Im Jahr 2000 wurde mit dem Bau einer zweiten, noch größeren Baudockhalle begonnen – der größten der Welt. 375 Meter maß das Gebäude anfangs in der Länge, 125 Meter in der Breite, und durch eine Höhe von 75 Metern ist sichergestellt, dass die hier gebauten Schiffe zum Aufsetzen des Schornsteins nicht ausgedockt werden müssen.

Ein mächtiger Portalkran im Inneren der Halle, der bis zu 800 Tonnen heben kann, wurde auf den Namen „Kaiseradler" getauft, der Vogel mit

1 Die erste Dekade des neuen Jahrtausends begann für die Meyer Werft mit einer kräftigen Investition in den Ausbau der Anlagen.
2 Ein besonders elegantes Außendesign zeichnet die RADIANCE OF THE SEAS und ihre Schwesterschiffe aus.

dem größten Eigengewicht. Auch bei den anderen Kränen folgte man wieder der bereits bewährten Nomenklatur.

Es blieb allerdings nicht allein bei der zweiten Baudockhalle. Nach den guten Erfahrungen mit dem Laserschweißen und den intensiven Forschungs- und Entwicklungsarbeiten in diesem Bereich investierte die Meyer Werft kräftig, um in dieser innovativen und ökonomischen Technologie auch weiterhin führend zu bleiben. Zeitgleich mit dem neuen Dock entstand auf der Werft das größte Laserzentrum Europas mit vier Laserschweiß- anlagen, computerunterstütztem Plasmaschneider für Stahlteile und einer vollautomatischen Paneelstraße.

Rund 200 Millionen Euro kostete der Bau der neuen Anlagen. Die über- dachte Arbeitsfläche der Werft wurde damit verdoppelt, während gleich- zeitig das bereits bewährte Konzept der kurzen Wege gewahrt wurde. Baudock und Laserzentrum wurden perfekt in das Zusammenspiel der Kompaktwerft integriert.

Der Bau der RADIANCE OF THE SEAS, des ersten Schiffes für Royal Carib- bean, begann im September 1999 mit der Kiellegung im Baudock. Nach nur 13 Monaten konnte der Neubau ausgedockt werden und sich zum ersten Mal den Augen der Öffentlichkeit präsentieren. Schon das äußere Erscheinungsbild der RADIANCE OF THE SEAS machte deutlich, dass die

Meyer Werft mit ihr eine neue Generation Kreuzfahrtschiff vorstellte – außen wie innen und auch in technischer Hinsicht.

Schiffe früherer Zeit mussten Kurven haben. Der sogenannte Deck- sprung[1] war eine Notwendigkeit, um dem Rumpf die nötige Stabilität zu geben, auch in bewegter See arbeiten zu können. Ein langes Vorschiff diente dazu, ankommende Wellen wie ein Messer zu teilen, während ein abgerundetes Heck achterlichen Seen möglichst wenig Angriffsfläche bieten sollte.

Heute sorgen elastischere Materialien und perfektionierte Schweißtech- niken sowie der Bau im Dock statt auf dem Helgen dafür, dass Schiffe als regelrechte Kästen mit geraden Flächen und rechten Winkeln gebaut werden können. Kurven sind nur noch unter der Wasseroberfläche und nur noch im Interesse der Hydrodynamik nötig.

Die Kunst besteht also heute daraus, dem „eckigen" Schiff ein ästheti- sches Äußeres zu geben. Die RADIANCE OF THE SEAS ist gar als yachtartig beschrieben worden. Mit ihren gut 90.000 BRZ wäre sie eine reichlich große Yacht, aber ihr langes, spitzes Vorschiff mit der sanft ansteigenden,

---

[1] Darunter versteht man das Ansteigen der Decks von mittschiffs her zu Bug und Heck des Schiffes.

gerundeten Brückenfront lässt den Vergleich aufkommen. Große Glasfassaden verheißen ein luftiges Interieur. Ein kurzer Schornstein ragt knapp achtern des Mittschiffs aus den Aufbauten, und die ihn umgebende Struktur mit großen Fensterflächen lässt schon beim Hinsehen Neugier und die Lust am Blick über das Meer aufkommen.

Und was würden wohl Passagiere der eleganten CROWN ODYSSEY gesagt haben, hätte man sie 1987 um knapp anderthalb Jahrzehnte durch die Zeit reisen lassen können und ins Atrium der RADIANCE OF THE SEAS versetzt hätte? Durch nunmehr elf Decks erstreckt es sich, um am oberen Ende in einer Plattform mit Glasboden zu gipfeln. In dem großzügigen Luftraum darunter halten Stahlseile ein „frei schwebendes" Kunstwerk.

Die vielen gläsernen Balustraden verleihen dem Raum eine große Offenheit und zeugen von der Lust der Designer, verschwenderisch mit dem reichlich vorhandenen Platz umzugehen. Luxus wird durch Großräumigkeit erreicht – das wussten Schiffsarchitekten schon vor dem Ersten Weltkrieg, als die Ära der Luxusliner begann. An Bord der RADIANCE OF THE SEAS wurde diesem Wissen eine neue Dimension verliehen.

Neben den traditionell großen Räumen – Atrium, Hauptrestaurant und Theater – kann der Neubau mit einigen weitläufigen Bereichen, aber auch gemütlichen intimen Ecken aufwarten. Neben Bars beinhaltet dies auch alternative Restaurants – nach Wahl ein Steakhouse mit Showküche, italienische Köstlichkeiten oder auch ein zwangloses Buffetrestaurant.

Nicht minder großzügig ist es um die Wellness-Angebote bestellt. Über zwei Decks erstreckt sich die Bade-, Sauna- und Fitnesslandschaft. Wem der Sinn nach aktiverer Wellness steht, der findet an Bord nicht nur den obligatorischen Golfsimulator und einen Joggingpfad. Ganz auf ein Publikum zugeschnitten, das im Urlaub auch das Schiff erleben möchte und sich nicht vorwiegend auf Landausflügen aufhält, wurde die Radiance-Klasse mit einer Fülle von Möglichkeiten ausgestattet – vom Inliner-Parcours über Basket- und Volleyball-Plätze, eine Minigolfanlage bis hin zu einer Kletterwand an der Rückseite des Schornsteins. Und auch an Billardtische, die sich automatisch dem Seegang angleichen, wurde gedacht.

Auch in technischer Hinsicht kann das Schiff mit einigen Raffinessen aufwarten. Umweltschutz und Energieersparnis spielten beim Entwurf der RADIANCE OF THE SEAS eine bedeutende Rolle. Dies wird nirgendwo deutlicher als bei der Antriebsanlage mit Azipods des Herstellers ABB.

1 Elegant, luxuriös und maritim ist der Stil der Radiance-Klasse – hier das Atrium der JEWEL OF THE SEAS.
2 3 Impressionen der für Royal Caribbean gebauten Luxuskreuzfahrer: Dampfraum im Saunabereich und Schooner Bar.

Bei einem Pod-Antrieb wird der elektrische Antriebsmotor nicht, wie bei herkömmlichen Schiffen, im Inneren des Rumpfes eingebaut, sondern er befindet sich in einem separaten Gehäuse (englisch *pod*), das um 360 Grad um sich selbst drehbar unter dem Heck des Schiffes montiert wird. Die Vorteile eines solchen Antriebs sind geringere Reibungsverluste, da eine lange Schraubenwelle entfällt, und deutlich verbesserte Manövrierfähigkeit; ein Ruder wird nicht mehr benötigt, da der Wasserstrom der Schiffsschrauben mit Hilfe der Pods einfach in die gewünschte Richtung gelenkt werden kann. Zusammen mit den Bugstrahlrudern kann ein so ausgestattetes Schiff sich quasi auf der Stelle drehen. Darüber hinaus ist eine Lärm- und Vibrationsquelle aus dem Schiff verbannt.
Zum Zeitpunkt der Indienststellung der RADIANCE OF THE SEAS waren Pod-Antriebe bei Kreuzfahrtschiffen noch eine vergleichsweise neue Technologie, und sie war das erste so ausgestattete Schiff der Meyer Werft.

Der elektrische Strom für die Pods wird an Bord erzeugt. Im Falle der RADIANCE OF THE SEAS geschah dies durch Generatoren mit Gasturbinen von General Electric, die sich durch besondere Schadstoffarmut auszeichneten. Die sehr heißen Abgase der Turbinen werden zusätzlich genutzt, um einen Dampfkessel zu beheizen und so eine Dampfturbine für die zusätzliche Energieerzeugung zu betreiben.
Erwähnenswert in puncto Umweltschutz ist auch die Klimaanlage der Radiance-Klasse (wie übrigens auch nachfolgender Schiffsklassen der Meyer Werft). Wer schon einmal gesehen hat, wie sich an einem Sommertag unter einem parkenden Auto eine Pfütze von Kondensat aus der Klimaanlage bildet, kann sich vorstellen, dass bei dem großen Innenraum eines Schiffes bei dessen Klimaanlage beträchtliche Mengen dieser Flüssigkeit anfallen, nämlich je nach Klimabedingungen und Größe des Schiffes 60–80.000 Liter. Es handelt sich dabei um nichts anderes als der

Überdachter Poolbereich **1**, Safari Club **2** und Empfangsbereich
auf der unteren Ebene des Atriums **3**.

Luft entzogenes Wasser. Auf der RADIANCE OF THE SEAS wird es gesammelt, gereinigt und für die Wäscherei verwendet.

Die Ems-Passage der RADIANCE OF THE SEAS fand im Januar 2001 statt. Da das Sperrwerk noch nicht fertig war, musste die Überführung wie gehabt mit Hilfe zweier aufeinanderfolgender Flutwellen erfolgen. Einen deutlichen Unterschied zu vorherigen Schiffen gab es aber doch: Die RADIANCE OF THE SEAS legte die Passage in Rückwärtsfahrt und mit weiter verbesserten GPS-System zurück.

Dieses Vorgehen brachte zwei entscheidende Vorteile mit sich: Zum einen spricht das Schiff durch die nun „vorn" befindlichen Azipods schneller auf Kursänderungen an. Zum anderen hatten die Lotsen erkannt, dass man beim Blick von der Brückennock nach achtern Abweichungen zwischen der Längsseite des Schiffes zur Fahrtrinne am einfachsten erkennen und ausgleichen konnte. Monitore, die dank des speziell entwickelten Satellitennavigationssystems die exakte Lage des Schiffes im Fluss beschreiben, helfen dabei, die Schiffe trotz ihrer Größe durch die schmale Ems sicher zu überführen.

Die Schiffsüberführung in Rückwärtsfahrt bewährte sich so gut, dass seither alle neuen Kreuzfahrtschiffe aus Papenburg rückwärts die Ems hinabfuhren. Grundberührung und Propellerschäden gehörten seitdem der Vergangenheit an.

Als Kuriosum am Rande brachte dieses Verfahren eine ganz eigene sprachliche Ausdrucksweise der beteiligten Lotsen mit sich. Denn die Rückwärtsfahrt warf die Gefahr von Verwechslungen bei Richtungsangaben auf. So wird mit „Steuerbord" zwar beispielsweise die rechte Seite des Schiffes bezeichnet, aber man könnte auf den Gedanken kommen, in Rückwärtsfahrt werde daraus Backbord. Um eventuelle Missverständnisse solcher Art von vornherein auszuklammern, bedienen sich die Lotsen eigener Begriffe. Backbord und Steuerbord werden ersetzt durch Weener und Leer – nach den beiden Städten auf unterschiedlichen Seiten des Schiffes. Bug und Heck werden zu Spitz und Stumpf – unmissverständlicher geht es eigentlich nicht.

Die RADIANCE OF THE SEAS wurde am 9. März 2001 an Royal Caribbean übergeben. Zu diesem Zeitpunkt war sie das größte je in Deutschland gebaute Passagierschiff – ein Titel, den sie schon bald an das nächste Schiff aus Papenburg abtreten musste.

Dieses nächste Schiff, Bau Nr. 648, hatte zum Zeitpunkt seiner Indienststellung schon einige interessante Stationen hinter sich. Sein Kiel war am

1 Pods treiben die Schiffe der Radiance-Klasse an.

2 SERENADE OF THE SEAS passiert die Jann-Berghaus-Brücke – in Rückwärtsfahrt.

1 Juni 2001: Die NORWEGIAN STAR zieht in die noch nicht fertige Baudockhalle II um.

23. Juni 2000 als SUPERSTAR LIBRA für Star Cruises gelegt worden. Kurz zuvor hatte die asiatische Reederei die in den USA ansässige, finanziell strauchelnde Norwegian Cruise Line aufgekauft.

Ursprünglich 1966 von dem norwegischen Reeder Knut Kloster als Norwegian Caribbean Lines gegründet, gehört NCL zu den Wegbereitern der modernen Kreuzfahrtindustrie. Nach der sukzessiven Indienststellung von vier Neubauten machte das Unternehmen 1979 von sich reden, als es den kolossalen, aber seit Jahren aufgelegten Ozeanliner FRANCE kaufte und in einem aufwendigen Prozess zum damals größten Kreuzfahrtschiff der Welt umbauen ließ – der legendären NORWAY. Diese ist zu den erfolgreichsten Kreuzfahrtschiffen aller Zeiten zu zählen, aber auch sie konnte nicht verhindern, dass die Norwegian Cruise Line durch eine unklare Flottenpolitik und Probleme mit dem Service an Bord Ende der 1990er-Jahre in schwieriges Fahrwasser geriet.

Star Cruises übernahm NCL im Februar 2000. Zu diesem Zeitpunkt hatte man bereits eine Bereinigung der Flotte durchgeführt und ein neues Servicekonzept eingeführt, das „Freestyle Cruising". Dahinter verbarg sich die Aufhebung aller althergebrachten Zwänge einer Kreuzfahrt bei

gleichzeitiger Aufstockung des Personals an Bord. Feste Tischzeiten, starre Sitzordnungen und vorgegebene Kleidungsformalitäten sollten fortan der Vergangenheit angehören.

Mit dem neuen Konzept wollte NCL ein aktives Publikum ansprechen, das seinen Bordaufenthalt so flexibel wie möglich und mit einer ganzen Reihe unterschiedlicher Aktivitäten zu gestalten wünschte.

Während die altehrwürdige NORWAY weiterhin das traditionelle Kreuzfahrtschiff in der Flotte blieb, wurde „Freestyle Cruising" in der restlichen Flotte eingeführt. Und die Trendwende gelang!

Angesichts des boomenden Kreuzfahrtmarktes in den USA, des positiven Fortschritts bei NCL und der zögerlichen Entwicklung in Asien kam man bei Star Cruises zu dem Schluss, Bau Nr. 648 könne bei der neuen Tochtergesellschaft profitabler eingesetzt werden. Und so wurde noch während des Baus aus der SUPERSTAR LIBRA die NORWEGIAN STAR – möglicherweise so benannt in Anspielung auf den ursprünglichen Auftraggeber.

Der NORWEGIAN STAR kommt in der Geschichte der Meyer Werft insoweit eine besondere Rolle zu, als dass sie das erste Schiff in der neuen Baudockhalle II war. Die Kiellegung hatte zwar noch in der alten Halle stattgefunden, aber am 15. Juni 2001 ließ man den Neubau aufschwimmen und verholte ihn in das noch im Bau befindliche neue Dock. Zu diesem Zeitpunkt war die umgebende Halle nur ein Stahlskelett, und einige Wochen noch arbeiteten Bauarbeiter und Schiffbauer Seite an Seite an Halle und Schiff. In der alten Baudockhalle wuchs derweil mit der BRILLIANCE OF THE SEAS bereits das zweite Schiff für Royal Caribbean heran.

Wenige Monate später wurde die nunmehr nahezu fertiggestellte NORWEGIAN STAR zum zweiten Mal ausgedockt. Äußerlich ist die familiäre Ähnlichkeit zu den beiden SUPERSTARS für Star Cruises unverkennbar. Aber auch ein Vergleich mit der RADIANCE OF THE SEAS bietet sich an, denn unterschiedlicher können zwei annähernd gleich große Schiffe (die NORWEGIAN STAR ist mit nur 380 BRZ mehr vermessen) kaum auftreten. Die NORWEGIAN STAR trägt ein funktionelles, aber vielleicht gerade deshalb nicht minder eindrucksvolles Äußeres zur Schau. Sie macht keinen Hehl daraus, dass Schiffe heutzutage obenherum überwiegend aus geraden Linien bestehen, und nur der spitz zulaufende Bug mit seiner flach geneigten Brückenfront sticht daraus hervor. Ein fast senkrecht aufragendes Heck stellt die optimale Kabinenzahl auf der Grundfläche des Schiffes sicher. Ein funktioneller Mehrzweckmast und ein dezenter Schornstein lenken optisch wenig von der geradlinigen Form ab.

Ihre Ausstattung ist ganz auf das aktive Publikum, das sich keinen Zwängen unterwerfen möchte, ausgerichtet. Allerdings kann sie an einigen Stellen ihre ursprünglich asiatische Ausrichtung nicht ganz verbergen. Insbesondere in den Kabinen zeugen Wandverkleidungen und Textilien noch hier und da von den Passagieren, die man hier hatte unterbringen wollen. In Verbindung mit den vielen internationalen Themen, die sich in den Gesellschaftsräumen finden, ergibt sich aber eine gesunde Mischung mit einem leicht exotischen Flair.

Ein Atrium durfte natürlich auch auf diesem Neubau nicht fehlen, und mit geschwungenen Decksöffnungen, gläsernen Liften und prachtvollen Deckenverkleidungen in Tiffany-Optik erstreckt es sich durch neun der insgesamt zwölf Passagierdecks.

Ganz im Sinne des Anspruches, dem Passagier möglichst viel Auswahl zur Verfügung zu stellen, gibt es kein Hauptrestaurant im klassischen Sinne. Das größte Restaurant an Bord, das prachtvolle „Versailles" mit seinen Säulen und Kronleuchtern und freiem Blick auf das Heckwasser, bietet lediglich Platz für 384 der gut 2.200 Passagiere.

Ergänzt wird es durch ein ähnlich großes italienisches Restaurant, und darüber hinaus werden den Gästen kulinarische Köstlichkeiten aus aller Welt in vielen weiteren Räumen geboten: japanische Speisen im Ginza-Restaurant und der Sushi-Bar, Fisch im Soho Room, französische Gerichte im Le Bistro. Mit Blick ins Atrium kann man im Endless Summer tafeln, während sich die Gäste des Market Café am Buffet selbst bedienen können.

Dazu kommt eine Fülle an Bars und Lounges für den Drink vor oder nach dem Essen oder am Abend.

Neben der kulinarischen Vielfalt verlockt die NORWEGIAN STAR auch mit einer Vielzahl an Unterhaltungsangeboten. Das Theater erstreckt sich über drei Decks und kann mit 1.037 Plätzen aufwarten. Neben dieser eher klassischen Unterhaltung gibt es auch eine Karaoke-Bar, ein Kino, Nachtclubs und eine Badelandschaft, die diesen Titel wirklich verdient. Zahlreiche Sonnenliegen, Jacuzzis und zwei schneckenförmige Wasserrutschen verheißen Spaß für die ganze Familie.

Ein weiterer ähnlicher Bereich – mit dem längsten überdachten Pool auf See – befindet sich im Wellnessbereich ein Deck tiefer.

Eine große verglaste Struktur vor dem Schornstein beinhaltet nicht etwa eine fulminante Aussichtslounge (diese befindet sich weiter vorn, oberhalb der Brücke), sondern die wohl größten Wohnquartiere, die es bis dahin auf einem Schiff gegeben hatte: die zwei Suiten mit dem Namen „Garden Villa". Ihre Wohnfläche von 220 m² (wohlgemerkt: pro Suite) dürfte manch einen Eigenheimbesitzer zum neidvollen Erblassen bringen. Der weitläufige Wohnbereich mit Fenstern vom Boden bis zur Decke bietet einen Blick über die Poollandschaft, während die drei Schlafzimmer freie Sicht über das Meer haben.

Ergänzt wird dies durch einen 150 m² großen Außenbereich für jede der beiden Suiten, mit Panoramablick, Wandgemälden, Pflanzen, überdachtem Whirlpool und einer Treppe auf das Dach der Suiten als eigenem Sonnendeck.

Die NORWEGIAN STAR wurde am 31. Oktober 2001 nach erfolgreicher Beendigung der Probefahrten und Abschlussdockung an NCL übergeben. Schon die Vorbereitungen zu ihrer Emsüberführung waren allerdings durch weltweite Schreckensnachrichten überschattet worden: Am 11. September entführten Terroristen in den USA vier Flugzeuge und erzeugten ein Inferno, dessen Bilder sich unauslöschlich in die Erinnerungen der Zeitzeugen brannten.

An Bord der ersten Neubauten für NCL: Atrium **1**, Teen Club **2** und Casino **3**.
4 Der Pool-Bereich. In der gläsernen Struktur dahinter befinden sich die beiden
besonders luxuriösen Garden-Villa-Suiten.

Eine der Maschinen wurde gezielt zum Absturz im Pentagon, dem amerikanischen Verteidigungsministerium, gelenkt. Eine zweite stürzte auf freiem Feld in Pennsylvania ab, nachdem Passagiere die Entführer überwältigt hatten. Zwei Flugzeuge wurden von den Terroristen in die Zwillingstürme des World Trade Center in New York gesteuert.

Millionen Menschen mussten weltweit an den Fernsehgeräten entsetzt mit ansehen, wie das Wahrzeichen von New York City brennend in sich zusammensackte, als sei es ein Kartenhaus, und Süd-Manhattan in eine Wolke aus Staub, Ruß und Angst hüllte.

Die folgenden Tage waren weltweit geprägt von Entsetzen und Erschütterung.

Doch nicht nur der Anschlag selbst war furchtbar, auch einige seiner Konsequenzen waren verheerend. In der unmittelbaren Folge von 9/11 machte sich vielfach Flugangst breit, die nicht nur Fluggesellschaften und Anbietern von Pauschalreisen zu schaffen machte, sondern auch den Kreuzfahrtreedern, insbesondere in den USA. Für das Gros amerikanischer Passagiere ist der Antritt einer Kreuzfahrt mit einer vorherigen Flugreise verbunden.

Stornierungen und das Ausbleiben von Buchungen waren die Folge für die Branche. Zusammen mit der zeitgleich platzenden New-Economy-Blase sorgten die Ereignisse des 11. September für Umsatzeinbrüche bei den Reedereien, und einige bereits finanziell geschwächte Anbieter mussten binnen kurzer Zeit Konkurs anmelden.

Folgerichtig legten die Reedereien geplante Neubauprogramme vorerst auf Eis, um die Entwicklung des Marktes zu beobachten.

Für die Geschäftsleitung der Meyer Werft zeigte sich schon bald akuter Handlungsbedarf. Zwar standen noch drei Schiffe für Royal Caribbean und eines für NCL im Auftragsbuch, aber schnell wurde deutlich, dass mit Anschlussaufträgen in absehbarer Zeit nicht zu rechnen sei.

Mit dem 11. September 2001 begannen für die Meyer Werft zwei schwierige Jahre. Neubauaufträge wurden nicht platziert. Royal Caribbean verschob die Liefertermine für die bereits bestellten Schiffe und im September 2003 entschied man sich, die zwei noch bestehenden Verträge mit Rücktrittsrecht nicht in Aufträge umzuwandeln. Auch Star Cruises erteilte

1 13. September 2001: Die Belegschaft der Meyer Werft gedenkt der Opfer der Katastrophe in den USA.

1 Die raue See in der Biskaya ist für die PONT-AVEN keine Schwierigkeit. Autodeck 2 und Buffet-Restaurant 3 auf der PONT-AVEN.

keine Festbestellung für die Sagittarius-Klasse. Als dafür Ende 2003 Aufträge für zwei Schiffe für NCL, die sich in der Größe zwischen der Libra- und der Sagittarius-Klasse befinden sollten, erteilt wurden, war das Aufatmen verständlicherweise groß. Immerhin hatte die Meyer Werft damit die Hälfte aller 2003 erteilten Aufträge für Kreuzfahrtschiffe verbuchen können.

Bis dahin war es allerdings ein langer Weg, der nicht ohne manch bittere Pille gegangen werden konnte. Am schmerzhaftesten war der nicht mehr vermeidbare Abbau von 550 der 2.600 Arbeitsplätze im Jahr 2003. Seit dem Umzug der Werft 1975 war es das erste Mal, dass die Unternehmensleitung zu solch drastischen Maßnahmen hatte greifen müssen. Gerade für ein familiengeführtes Unternehmen wie die Meyer Werft ist ein solcher Schritt mit emotionalen Konsequenzen verbunden.

Trotz aller Widrigkeiten wurde der Kopf nicht in den Sand gesteckt, und man besann sich auf eine alte Stärke: den Bau von Spezialschiffen unterschiedlicher Art.

Dies geschah durch den Bau von vier kleineren Containerschiffen für jeweils 1.600 Container – die ersten Frachter dieser Art aus Papenburg – und nach vielen Jahren mal wieder einer Fähre.

Auftraggeber für die erste Kreuzfahrtfähre seit der SILJA EUROPA war die 1972 in Frankreich gegründete Reederei Brittany Ferries. Diese plante als neues Flaggschiff eine schnelle Fähre, um die Reisezeit zwischen dem spanischen Santander und dem englischen Plymouth zu verkürzen. Eine Dienstgeschwindigkeit von 27 Knoten wurde formuliert. Die Ausstattung sollte die Annehmlichkeiten eines Kreuzfahrtschiffes aufweisen.

Hatte die Meyer Werft einst die Erfahrungen im Bau von Fähren in die ersten Kreuzfahrtschiffe einfließen lassen, so konnte für dieses Projekt nun umgekehrt der seither angesammelte Wissensschatz angewandt werden.

Dabei ist zu berücksichtigen, dass Gäste auf einem Kreuzfahrtschiff reisen, weil sie sich für diese Urlaubsform entschieden haben. Passagiere auf einer Fähre sind in aller Regel unterwegs, weil sie einen anderen Ort erreichen wollen. Die Fahrt mit der Fähre entsteht hier also eher als Notwendigkeit und sollte möglichst wenig kosten.

Zwar locken Fährreedereien heute vielfach mit Kreuzfahrtfähren auch ein Publikum, das sich einfach einmal eine kleine Auszeit nehmen möchte, aber der Unterschied zu reinen Kreuzfahrtschiffen ist dennoch deutlich. Geringere Kosten werden durch weniger Personal möglich gemacht. Es wird also der Schwerpunkt auf wirtschaftliche Schiffe mit vielen Selbstbedienungsbereichen gelegt. Auch die Innenausstattung ist einfacher und etwas robuster gehalten, um häufige Passagierwechsel zu ermöglichen und die Reinigung im Hafen und auf See auch mit geringerem Personal durchführen zu können.

Bau Nr. 650 war dafür konzipiert, regelmäßig mit hoher Geschwindigkeit die oftmals rauen Gewässer der Biskaya zu durchfahren. Die PONT-AVEN für Brittany Ferries kommt entsprechend stämmig daher. Ihr kompaktes Äußeres zeugt von Widerstandskraft, aber auch von Geschwindigkeit.

Der Antrieb erfolgt auf die althergebrachte Weise dieselmechanisch mit Verstellpropellern, was sowohl die Baukosten günstig hielt als auch ideal für den geplanten Liniendienst war, in dem nicht regelmäßig mit langsamer Fahrt gefahren oder in engen Häfen manövriert werden muss wie bei einem Kreuzfahrtschiff.

Wie schon bei der SILJA EUROPA wurde der Laderaum mit einem absenkbaren Hängedeck ausgestattet, sodass die Ladekapazität der PONT-AVEN jeweils der aktuellen Saison und Fahrtstrecke angepasst werden kann. Wahlweise können so im oberen Laderaum 72 LKW oder 624 PKW untergebracht werden. Weitere Fahrzeuge finden im unteren Laderaum Platz.

Bis zu 2.400 Passagiere haben Platz an Bord, und ihnen wird für ein knapp 42.000 BRZ großes Schiff eine beindruckende Anzahl von Gesellschaftsräumen zur Verfügung gestellt. Sogar ein Atrium durch fünf Decks gibt es. Dieses ist freilich nicht so groß und pompös wie auf den jüngst gebauten (mehr als doppelt so großen) Kreuzfahrtschiffen. Mit seinen hellen und pflegeleichten Oberflächen ist es optisch irgendwo zwischen einem modernen Bürohaus und einem eleganten Hotel in einem spanischen Ferienort angesiedelt und trägt sehr dazu bei, die Räumlichkeiten, die auf einer Passagierfähre leicht etwas klaustrophobisch anmuten, offener zu gestalten. Der Blick auf die Deckspläne der PONT-AVEN lässt dabei ein geschicktes Raumnutzungskonzept zutage treten: Viele der Gesellschaftsräume erstrecken sich nicht über die gesamte Schiffsbreite, sondern sind asymmetrisch angelegt, um mehr Auswahl auf der vorhandenen Fläche zu schaffen.

Die Kabinen sind elegant und funktional – ganz dem Zeitgeist folgend – in einem 60er-Jahre-Retro-Stil eingerichtet. Und auch hier sieht man, wie viel Luxus den Passagier heutzutage auf einer Fähre erwarten kann: Die 18 Suiten der „Commodore Class" sind mit Balkonen ausgestattet.

Als die PONT-AVEN im Februar 2004 abgeliefert wurde, litt die Meyer Werft noch unter den Nachwehen der gerade durchstandenen Durststrecke. Dies wird am deutlichsten, wenn man betrachtet, dass 2003, 2004 und 2005 nur jeweils ein Kreuzfahrtschiff abgeliefert wurde, obwohl man mit den erweiterten Anlagen genügend Kapazität für nahezu drei Schiffe pro Jahr hatte. In der Tat wendete sich die Auftragslage erst Ende 2004 wirklich zum Guten. Bei gängigen Vorläufen von zwei bis drei Jahren zwischen Auftragsvergabe und Ablieferung eines Schiffes dauerte es dennoch eine Weile, bis sich die Werft von den Nachwirkungen des 11. September erholt hatte.

Nachzutragen wären an dieser Stelle noch die in dieser Zeit gebauten Schiffe. Die 2002 und 2003 abgelieferten Einheiten für Royal Caribbean – BRILLIANCE OF THE SEAS und SERENADE OF THE SEAS unterscheiden sich in Optik, Technik und Ausstattung nur in Details (bei Farbgebung und Dekoren) vom Typschiff der Klasse.

Etwas anders verhält es sich mit der NORWEGIAN DAWN, dem Schwesterschiff der NORWEGIAN STAR. In Auftrag gegeben wurde sie zwar noch als SUPERSTAR SCORPIO, aber im Gegensatz zu ihrer Schwester stand bei ihrem Baubeginn bereits fest, dass sie für die Norwegian Cruise Line in Fahrt kommen würde.

Entsprechend konnten sämtliche Bereiche auf die Geschmäcker der amerikanischen Klientel ausgerichtet werden.

Und noch eine weitere Besonderheit machte die NORWEGIAN DAWN aus: Ihre Gesellschaftsräume wurden verziert mit Wandmalereien, Skulpturen und Originalgemälden berühmter Künstler, wie Andy Warhol und Paul Cézanne. Nicht weniger als zehn Millionen Euro investierte die Reederei in Kunstwerke. Und diese Besonderheit trug sie auch nach außen. Als erstes Schiff von NCL trägt sie eine bunte Malerei auf der Bordwand.

Über diese Art der Verzierung scheiden sich zwar – vor allem unter den Traditionalisten – die Geister, aber gerade der Vergleich der NORWEGIAN DAWN mit der NORWEGIAN STAR zeigt, dass das doch eher eckige Aussehen beider Schiffe durch die geschwungenen Verzierungen und das Aufbrechen der starren Formen sehr gewinnt und sofort Urlaubsfeeling aufkommen lässt.

Farbige Banner mit zwei Delfinen bereiten Reisende auf den bevorstehenden Urlaub in warmen Breiten vor. An Backbord grüßt statt der Delfine die Freiheitsstatue – ein Hinweis darauf, dass NCL plante, das Schiff in New York als Basishafen zu stationieren.

Schlussendlich ist die NORWEGIAN DAWN noch erwähnenswert, weil sie im November 2002 das erste Schiff dieser Größe war, das in einem Zug die Ems passieren konnte – dem Emssperrwerk sei Dank.

1 Die NORWEGIAN DAWN führte als erstes Schiff der NCL-Flotte die bunten Malereien an der Bordwand ein.
2 In ungewöhnlich kühler Farbgestaltung präsentierten sich die Atrien der Jewel-Klasse.

Die BRILLIANCE OF THE SEAS hatte wenige Monate zuvor noch bei Leer einige Stunden lang auf das nächste Hochwasser warten müssen. Ihr Schwesterschiff SERENADE OF THE SEAS konnte im Folgejahr ebenfalls bereits mit der Annehmlichkeit einer kurzen Aufstauung der Ems überführt werden. Einige Wochen nach Ablieferung der PONT-AVEN folgte im April noch die JEWEL OF THE SEAS als vorerst letztes Schiff für Royal Caribbean.

Hatte die Fachwelt bis dahin noch sorgenvoll auf das Orderbuch der Meyer Werft geblickt, so konnte die Fachzeitschrift HANSA im September 2004 endlich mal wieder eine wahrhaft positive Schlagzeile bringen: „Derzeit viel Arbeit in Papenburg".

Langsam wurde deutlich, dass die Talsohle durchschritten war. Der Bau der beiden nächsten Schiffe für NCL hatte begonnen. Die geplanten Containerfrachter waren in Arbeit, und im Herbst 2004 trat mit AIDA Cruises ein neuer Kunde auf den Plan und bestellte zwei neue Clubschiffe zur Erweiterung seiner Flotte. Erstmals konnte die Meyer Werft damit auch die mächtige Carnival Corporation zu ihren Kunden zählen.

Im Dezember 2004 konnte der Auftrag für ein drittes Schiff für NCL gebucht werden, und im Folgejahr kam noch ein viertes hinzu.

Mit 93.500 BRZ waren die neuen Schiffe etwas kleiner als die ursprünglich geplante Sagittarius-Klasse, aber das Typschiff dieser neuen Serie, die NORWEGIAN JEWEL, war bei ihrer Indienststellung dennoch das größte bis dahin in Deutschland gebaute Passagierschiff.

Technisch und von der Grundkonzeption her hatte man sich an der vorangegangenen Libra-Klasse orientiert, aber die NORWEGIAN JEWEL und ihre Schwestern besaßen ein Deck mehr, sodass den Passagieren eine noch größere Fülle an Aktivitäten geboten werden konnte.

Erwähnenswert ist in diesem Zusammenhang einmal mehr das Atrium – in diesem Fall allerdings nicht wegen seiner exorbitanten Größe, sondern weil es lediglich über zwei Decks reicht und sich dafür eher in der Länge erstreckt. Mit einem Café lädt dieser Raum, der auf den meisten Schiffen in erster Linie der Verbindung verschiedener Bereiche dient, auch zum Verweilen und zum Genuss seines ganz besonderen Ambientes ein.

In kräftigen Farben ist die Jewel-Klasse eingerichtet:
Atrium der NORWEGIAN GEM **1** , Whisky Bar **2**
und Bliss Ultra Lounge **3** der NORWEGIAN PEARL.

Denn mit seiner überwiegend in Blau, Silber und Weiß gehaltenen Farbgestaltung, einer Decke mit künstlichen Eiszapfen und kristallenen Wasserspielen wartet das „Crystal Atrium" der NORWEGIAN JEWEL mit einer für ein Kreuzfahrtschiff ungewöhnlich kühlen Atmosphäre auf – was gerade in heißen Klimazonen eine angenehme Abwechslung ist.

Das größte Restaurant ist an Bord der NORWEGIAN JEWEL – auch dies ein Novum – im Stil eines russischen Zarenpalastes gehalten, und auf Deck 6 findet sich die „Bar City", die verschiedene Themenbars mit jeweils passendem Ambiente zusammenfasst.

Die beeindruckenden Garden-Villa-Suiten waren schon auf den zuvor gelieferten Schiffen ein großer Erfolg, sodass sie auch auf den Neubauten eingerichtet wurden – aber mit einem zusätzlichen Zimmer.

Der farbenfrohe, aber elegante Stil wird wiederum auch nach außen getragen in Form einer jeweils dem Schiffsnamen angepassten Malerei an der Bordwand.

Das herausstechende Schiff der Jewel-Klasse ist in mancher Hinsicht die zweite Einheit, die PRIDE OF HAWAI'I. Denn nicht nur weicht sie von der Nomenklatur der anderen NCL-Schiffe ab, sondern auch von der Innenausstattung. Und sie trägt insoweit ein verborgenes Geheimnis, als dass sie nicht zu 100 Prozent „made in Papenburg" ist.

Ihre etwas ungewöhnliche Entstehung liegt in der bereits erwähnten amerikanischen Gesetzgebung, wonach nur in den USA gebaute und registrierte Schiffe direkt zwischen US-Häfen verkehren dürfen. Norwegian Cruise Line plante einen regelmäßigen Verkehr von mehreren Kreuzfahrtschiffen zwischen der US-Westküste und Hawaii und rief dafür die Marke „NCL America" ins Leben.

Das erste Schiff für den neuen Dienst, die PRIDE OF AMERICA, hatte sich auf der Schiffswerft Ingalls in Pascagoula, Mississippi, für American Classic Voyages im Bau befunden. Die Reederei wurde ein Opfer der wirtschaftlichen Turbulenzen nach dem 11. September, und NCL erwarb das unfertige Schiff zusammen mit bereits vorhandenen Materialien für ein Schwesterschiff für seine neue Tochtergesellschaft.

Während die PRIDE OF AMERICA unter erschwerten Bedingungen (das Schiff sank zwischenzeitlich an der Ausrüstungspier) vom Reparaturbetrieb der Lloyd Werft in Bremerhaven fertiggestellt wurde, erhielt die Meyer Werft den Auftrag, die bereits gelieferten Materialien und die montierten Stahlbauteile des Schwesterschiffes für den Bau der PRIDE OF HAWAI'I zu verwenden. Von der US-Regierung hatte sich NCL America

zusichern lassen, den geplanten Dienst unter US-Flagge zwischen dem Festland und Hawaii damit durchführen zu dürfen.

Die PRIDE OF HAWAI'I wurde im April 2006 an NCL America übergeben. Bereits acht Monate später folgte die NORWEGIAN PEARL, die als „Black Pearl" in die Annalen der Werftgeschichte einging, da sie halb Europa einen halbstündigen Stromausfall bescherte.

Die Meyer Werft traf dabei kein Verschulden, aber die „Black Pearl" machte dennoch Schlagzeilen. Die Abschaltung einer Hochspannungsleitung mit 380.000 Volt in Weener durch den Netzbetreiber war eine schon oft praktizierte Vorsichtsmaßnahme, die zum Schutz vor Funkenflug bei der Überführung eines jeden größeren Schiffs von der Meyer Werft getroffen wurde.

Dies war nicht anders am 4. November 2006, als die NORWEGIAN PEARL emsabwärts nach Eemshaven überführt werden sollte. Alle Vorbereitungen waren getroffen worden. Die Ems war aufgestaut, man hatte das übliche Segment aus der Eisenbahnbrücke bei Weener entfernt, und die Stromleitung war abgeschaltet, als sich das Schiff gegen 22 Uhr auf den Weg machte. Doch die NORWEGIAN PEARL kam nur bis zur Dockschleuse, denn an diesem Tag hatte die Abschaltung der Hochspannungsleitung – zusammen mit anderen Faktoren – eine Kettenreaktion im europäischen Stromnetz zur Folge.

Alle an der Überführung Beteiligten staunten fassungslos, als ein Anruf des Netzbetreibers e.on mitteilte, man habe die Leitung wieder einschalten müssen. Die Überführung musste abgebrochen werden.

In einem Korridor, der sich aus dem Brandenburgischen bis in die Bretagne und auch in Teile Norditaliens und Spaniens erstreckte, ging an diesem Abend das Licht aus. Städte wie Köln, Brüssel, Paris, Turin, Madrid und Barcelona waren bis zu 38 Minuten lang ohne Strom.

Drei Tage später klappte die Emspassage dann ohne Zwischenfälle, und bis zur Ablieferung des nächsten Schiffes wurde die Höhe der Strommasten auf 110 Meter erweitert, sodass seither keine Abschaltung mehr nötig ist, wenn eine Überführung stattfindet.

Mit einer aufgemalten Halskette aus bunten Edelsteinen verziert, vervollständigte im Oktober 2007 die NORWEGIAN GEM das Quartett für die Norwegian Cruise Line.

Zu diesem Zeitpunkt konnte die Meyer Werft sich damit brüsten, die bestausgelastete Werft Europas zu sein. Der Kreuzfahrtsektor ist bis heute eine boomende Branche. Die Auswirkungen des 11. September hatten

1 Bei ihrer Ems-Passage schrieb die NORWEGIAN PEARL unfreiwillig Schlagzeilen in ganz Europa.

zwar dem Wachstum eine Delle verpasst, aber die folgende Tabelle zeigt, dass der weltweite Markt selbst in dieser Zeit noch wuchs:

Jahr	Kreuzfahrtpassagiere	Wachstum zum Vorjahr
2000	6,886 Mio.	16,8 %
2001	6,906 Mio.	1,7 %
2002	7,600 Mio.	9,1 %
2003	7,990 Mio.	4,9 %
2004	8,771 Mio.	11,0 %

Es mag also nicht verwundern, dass der Bedarf an neuen Kreuzfahrtschiffen nach der Bauzurückhaltung zu Beginn des Jahrzehnts bald umso mehr vorhanden war. Und es spricht für die Flexibilität und den guten Ruf der Meyer Werft, dass man von dieser Entwicklung profitieren konnte.

Im Juli 2005 kehrten alte Bekannte zurück nach Papenburg, als Celebrity Cruises einen neuen Bauauftrag platzierten (siehe folgendes Kapitel). Einen Tag später stockte Aida Cruises den laufenden Auftrag um ein drittes Schiff auf, und nach dem ersten vergeblichen Anlauf Mitte der 1990er

Jahre konnte im Frühjahr 2007 die Disney Cruise Line als neuer Kunde gewonnen werden. Die Meyer Werft war wieder vollends im Geschäft und kam dem ursprünglich angepeilten Ziel – bis zu drei Kreuzfahrtschiffen pro Jahr – endlich wieder näher.

Entsprechend erhöhte sich auch die Mitarbeiterzahl – von 2.200 im Jahr 2006 auf 2.500 im Jahr 2009.

Analog zu den internationalen Zahlen boomte auch der Kreuzfahrtsektor in Deutschland. Seereisen lagen und liegen voll im Trend. Das Vorurteil der schwimmenden Altenheime hat sich längst überholt. Das Durchschnittsalter der Gäste auf deutschen Schiffen ist im Abwärtstrend begriffen.

Lag der Altersdurchschnitt der Gäste bis vor wenigen Jahren noch deutlich über 60 Jahre, so wurde 2009 erstmals die 50 unterschritten – mit weiter fallender Tendenz.

Gleichzeitig hat sich laut Deutschem Reiseverband innerhalb nur eines Jahrzehnts die Anzahl derjenigen, die eine Seereise unternehmen, fast vervierfacht – von 331.000 im Jahr 1999 auf 1,2 Millionen im Jahr 2010.

An dieser Entwicklung maßgeblich beteiligt ist ein junges Unternehmen, das erst 1996 seine Tätigkeit aufnahm. Die heutige Firma AIDA Cruises geht zurück auf den VEB Deutfracht/Seereederei Rostock, die Staatsreederei der damaligen DDR. Diese hatte bis zuletzt das Kreuzfahrtschiff ARKONA – als ASTOR einst Stolz der bundesdeutschen Handelsflotte – betrieben. Im Zuge der Privatisierung nach der Wiedervereinigung übernahmen die Hamburger Kaufleute Nikolaus W. Schües und Horst Rahe die DSR unter der Maßgabe, ein weiteres Kreuzfahrtschiff neben der ARKONA zu betreiben. Seinerzeit entstand die Idee, damit ein ganz neues Kreuzfahrtprodukt zu kreieren, um Seereisen einem breiteren Publikum zu öffnen. Dass sich gerade jüngere Leute an den zahlreichen Konventionen und dem hohen Preis von Kreuzfahrten störten, war eine wohlbekannte Tatsache. So entstand die Idee des kostengünstigen, zwanglosen Cluburlaubs zur See.

Das erste Schiff des neu auferstandenen Unternehmens, die AIDA, erregte seinerzeit Aufsehen. Aber aller Anfang ist schwer, und erst der Einstieg von P&O Princess (die dann ihrerseits mit der Carnival Corporation verschmolz) brachte dem nunmehr gegründeten Unternehmen AIDA Cruises die nötige Finanzkraft, um die Expansion zu stemmen, die nötig war, um das Produkt fest am Markt zu etablieren.

Von diesem Zeitpunkt an wurde AIDA zu einer deutschen Erfolgsgeschichte. Als im Oktober 2004 die ersten zwei Clubschiffe des neuen „Projekt Sphinx" bei der Meyer Werft kontrahiert wurden, hielt AIDA Cruises bereits einen Marktanteil von 35 Prozent in Deutschland.

Und auch die Meyer Werft profitierte vom Erfolg der jungen Reederei: Die AIDAs aus Papenburg wurden immer zahlreicher. Noch vor Ablieferung der ersten Einheit war der Auftrag auf insgesamt vier Schiffe aufgestockt worden. Und es sollten noch drei weitere Bestellungen folgen, sodass die Sphinx-Klasse die bis dato größte Serie von Kreuzfahrtschiffen aus Papenburg darstellt.

AIDADIVA wurde das Typschiff dieser jüngsten Reihe von Clubschiffen, und so wie schon die Bekanntgabe des Projektes mit einer aufwendigen Show im ägyptischen Luxor stattgefunden hatte, erfolgte auch die Kiellegung im Baudock I am 3. März 2006 inmitten einer farbenprächtigen Zeremonie mit Feuerwerk, Musikern und einer Opernsängerin.

Wie immer bei derartig komplexen Neubauprojekten werden Pläne und Entwürfe zwischen der Reederei, der Werft und den beteiligten Schiffsarchitekten intensiv abgestimmt und im Projektverlauf weiter optimiert. Nach der Auftragsvergabe wird der Generalplan weiter ausgearbeitet und die zahlreichen fertigungsrelevanten Details auch mit anderen Partnern wie der Klassifikationsgesellschaft abgestimmt. Die Meyer Werft hatte sich damals nicht nur mit dem besten Angebot, sondern auch in puncto

Frühe Computergrafik des Projekts Sphinx **1** und die fertige AIDABELLA **2**.

Umsetzung sowie mit ihrem spezifischen Lieferantennetzwerk gegen die internationale Konkurrenz durchsetzen können.

Zwischen AIDA Cruises, der Meyer Werft und den Architekten der Hamburger Firma Partner Ship Design entstand so eine fruchtbare Zusammenarbeit, aus der ein Produkt entstand, dessen Erfolg für sich spricht.

Zieht man einen Vergleich zwischen der Sphinx-Klasse und anderen Kreuzfahrtschiffen, so muss man berücksichtigen, dass AIDA für viele Gäste den Einstieg in die Kreuzfahrt bedeutet. Das Zielpublikum der Reederei ist also eher eine Klientel, die bisher Cluburlaub oder Pauschalreisen an Land unternommen hat.

Wie aber bietet man einen kostengünstigen Einstieg in die Kreuzfahrt, ohne dabei die Qualität des Urlaubserlebnisses zu beeinträchtigen? Im Fall der AIDADIVA und ihrer Schwesterschiffe lautete die Antwort: geschickt.

Im Zusammenhang mit der RADIANCE OF THE SEAS wurde festgestellt, dass Luxus in erster Linie Platz bedeutet. Im Falle von Kreuzfahrtschiffen rührt der Luxus auch von der Rundumversorgung durch die Besatzung her.

Im Umkehrschluss bedeuten weniger Besatzungsmitglieder mehr Platz für die Passagiere, geringere Kosten für die Reederei und folglich günstigeren Urlaub. Wie auch auf den Kreuzfahrtfähren wurde dies erreicht durch einen höheren Anteil an Selbstbedienung, beispielsweise in den Restaurants. Da die AIDA-Klientel in der Regel hochwertige Buffet-Restaurants aus Club-Ressorts kennt und schätzt, muss darin kein Nachteil gesehen werden.

Kreativer musste bei der geschickten Raumnutzung vorgegangen werden, um Raum zu sparen, ohne das Wohlbefinden der Gäste zu beeinträchtigen.

1 Kiellegung der AIDADIVA am 3. März 2006.
2 Die vorgefertigte Brückenfront ist bereit, an Bord zu gehen.

Der Ansatz lag in den größten Räumen konventioneller Kreuzfahrtschiffe: Atrium und Theater.

Die bislang in diesem und dem letzten beschriebenen Kapitel genannten Schiffe besitzen jeweils ein Theater für rund 1.000 Besucher – einen großen Raum, der aber einen großen Teil des Tages ungenutzt bleibt. Ebenso verhält es sich mit Atrien durch mehrere Decks, die zwar verschiedene Bereiche des Schiffes miteinander verbinden, aber doch in erster Linie repräsentativen Zwecken dienen. Auf großen Schiffen ist es kein Stolperstein, großzügig mit dem Platz umzugehen. Dennoch reduzierte auch NCL bei der Jewel-Klasse die Höhe des Atriums zugunsten anderer Räume. Die Architekten der Sphinx-Klasse fanden ihre ganz eigene Lösung, indem sie beide Räume in einem mittschiffs gelegenen gläsernen „Trichter" zum Theatrium verschmelzen ließen. Über drei Decks und die volle Schiffsbreite erstreckt sich dieser runde Raum, der zum Markenzeichen der gesamten Schiffsklasse werden sollte. Er ist gleichermaßen Dreh- und Angelpunkt des Bordlebens wie auch die Bühne, die zum Verweilen einlädt.

Für die Werft stellte das Theatrium allerdings eine Herausforderung dar. Die Mitte eines Schiffes ist der Punkt, der bei Seegang am meisten Verwindungen aushalten muss. Die Aufbauten gerade hier mit einem großen „Loch" zu durchbrechen, erforderte eine konstruktionstechnische Sonderlösung und die Verwendung von hochfestem Stahl.

Die Seitenwände des Theatriums bestehen aus besonderem Sicherheitsglas, um den Belastungen im Betrieb standhalten zu können. In der Seitenansicht ergibt sich dadurch ein markantes Merkmal, das die jüngsten AIDAs von ihren Vorgängerinnen deutlich unterscheidet.

1 2 Das innovative Theatrium der jüngsten AIDA-Generation.

1 Alle Schiffe der Sphinx-Klasse folgen dem gleichen Grundkonzept. Unterschiede bestehen vielfach vor allem in Ausgestaltung und Farbwahl. Hier die Anytime Disco der AIDADIVA (2007) . Der Zugang erfolgt durch einen futuristischen Tunnel.

Das geübte Auge erkennt anhand der besonderen Form der Sphinx-Klasse allerdings das Bemühen, den gegebenen Raum aus der vorhandenen Grundfläche des Schiffes optimal zu nutzen. Die AIDADIVA und ihre Schwesterschiffe wirken deshalb schmal und hoch, mit einem kurzen Vorschiff, einer steilen Brückenfront und ebenso steil abfallendem Heck.

Die Familienähnlichkeit kommt bei der unverwechselbaren Bemalung des Rumpfes wieder ins Spiel: Mit einer Breite von 16 Metern kann der Kussmund hinsichtlich seiner Größe beeindrucken. Das Logo der Reederei wurde von einem Rostocker Künstler gestaltet.
Und mit einer Fläche von 150 m² kann das Auge der AIDADIVA es problemlos mit einem Einfamilienhaus aufnehmen.

Mehr als diese Äußerlichkeiten zählen natürlich für den Passagier die Kabinen und Gesellschaftsräume. Durch die kompakte Raumnutzung an Bord der Sphinx-Klasse sind die größten Suiten circa 50 m² groß.

Der größere Reiz ging ohnehin von den Gesellschaftsräumen aus. Und hier bemühte man sich um eine blühende Vielfalt an Abwechslung. Als Innenarchtiekten zeichnete dafür das Büro von Partnership Design aus Hamburg verantwortlich. Wellness und sportliche Aktivitäten standen ganz im Vordergrund bei der Ausgestaltung der zwei obersten Decks. Ab der AIDABLU, dem vierten Schiff der Sphinx-Klasse, wurde noch ein halbes Deck hinzugefügt, sodass diese zweite Bauserie innerhalb der Klasse mit 2.600 m² über den weltgrößten Spa-Bereich auf See verfügt. Und auch mit der sternförmigen AIDA Bar liegen die Schiffe weltweit an

Innovationen an Bord: Theatrium **1**, Belladonna-Restaurant **2** und Pooldeck mit Videowand **3**.
Nächste Doppelseite: In der Wellness-Oase lässt es sich auf über 2.500 m² entspannen. Mosaike, griechische Amphoren und ein sechs Meter hoher Olivenbaum verbreiten dabei mediterranes Flair.

der Spitze. Die besondere Anordnung des Bartresens führt dazu, dass er mit 65 Metern der längste auf See ist.

Und wie auch beim Freestyle Cruising von NCL steht dem AIDA-Passagier eine beachtliche Auswahl kulinarischer Möglichkeiten – vom Sushi über mediterrane Küche bis hin zum Steakhouse – zur Verfügung.

Wie schon bei den zuvor beschriebenen Schiffen unterscheiden sich die einzelnen Einheiten einer Klasse vom Grundkonzept her nur insoweit, als ab dem vierten Schiff das erwähnte halbe Deck hinzukam. Unterschiede bestehen ansonsten vorwiegend in der Auswahl von Farben und Materialien. Dennoch führten einzelne Mitglieder der wachsenden Schiffsfamilie weitere Neuheiten ein, die dann später auf den weiteren Schiffen wieder aufgegriffen wurden.

Während die AIDADIVA 2007 den neuen Typ Clubschiff vorstellte und in einer spektakulären Zeremonie in Hamburg getauft wurde, fand sich auf der AIDABELLA 2008 erstmals ein sogenanntes 4D-Kino, in welchem die Zuschauer Eindrücke nicht nur plastisch sehen, sondern auch in Form von Bewegungen und simulierten Umwelteinflüssen erleben.

Die AIDALUNA von 2009 bietet ihren Gästen ein Open-Air-Kino auf dem offenen Deck. Hier wurde eine Videowand installiert, die aus über 186.000 LEDs besteht. Die AIDABLU führte 2010 das Brauhaus ein, ein rustikales Lokal mit eigener Brauerei.

AIDASOL (2011), AIDAMAR (2012) und ein weiteres Schwesterschiff, das 2013 in Fahrt kommt, komplettieren diese Serie, mit der es zahlenmäßig bei der Meyer Werft wohl nur die Passagierfähren für Indonesien aufnehmen können.

1 Taufe der AIDASOL in Kiel.

INNOVATIV UND NACHHALTIG – SCHIFFE FÜR DAS 21. JAHRHUNDERT

Dass Schiffe heutzutage nicht mehr genietet und nicht mehr auf einem Helgen zusammengebaut werden, sondern in der Regel in Baudocks zusammengeschweißt werden, ist inzwischen Allgemeinwissen. Aber dass Schiffbau ebenfalls kein Handwerk mehr ist, das vor allem von handwerklicher Geschicklichkeit und körperlicher Arbeit geprägt ist, hat sich noch nicht überall herumgesprochen. Zwar sind auch diese Merkmale in einigen Gewerken noch an der Tagesordnung, aber längst schon ist aus dem Schiffbau eine moderne Industrie und auch ein Hightech-Handwerk geworden, das fundierte technische Kenntnisse in einer Vielzahl von Bereichen erfordert. Dies soll Anlass sein, einen Blick auf gegenwärtige und zukünftige Fertigungstechniken zu werfen.

Die Möglichkeiten der Meyer Werft – nicht nur beim bloßen Bau von Kreuzfahrtschiffen, sondern auch das Know-how beim Umweltschutz, effizienten Bauweisen und beeindruckender Technologie – spiegelt sich wohl nirgendwo auf so beeindruckende Weise wider wie bei der Solstice-Klasse für Celebrity Cruises.

Schon bei der Auftragserteilung im Juli 2005 war die Maßgabe der Reederei an die Werft für Entwicklung und Bau dieser Klasse eindeutig: innovativ in allen Bereichen. Noch während der Entwicklungsphase konnte die Meyer Werft mit ihren Konzepten überzeugen, denn bereits vor Ablieferung des ersten Schiffes hatte Celebrity den Auftrag (der ursprünglich auf ein Schiff mit der Option auf ein zweites gelautet hatte) auf insgesamt fünf Einheiten aufgestockt, zu liefern in Jahresabständen.

Als das erste dieser Schiffe, die CELEBRITY SOLSTICE, im Oktober 2008 der Weltöffentlichkeit vorgestellt wurde, gab es keinen Zweifel daran, dass die Meyer Werft sich wieder einmal selbst übertroffen hatte. Dabei war die CELEBRITY SOLSTICE mit einer Vermessung von knapp 122.000 BRZ nicht nur einmal mehr das größte je in Deutschland gebaute Passagierschiff, sondern – ganz umgangssprachlich gesagt – sie war auch ein Schiff mit extremem Wow-Faktor.

Bei den in Papenburg gebauten Kreuzfahrtschiffen hatte es über die Jahre einen kontinuierlichen Fortschritt gegeben und immer wieder auch Entwicklungssprünge. Aber selten waren diese so deutlich ausgefallen wie bei der Solstice-Klasse.

Bei 317 Metern Länge und einer Breite von fast 37 Metern waren Panamax-Abmessungen kein Thema mehr. Post-Panamax hieß der Begriff der Stunde. Entsprechend wuchtig war der erste Eindruck, den die CELEBRITY SOLSTICE hinterließ. Gleichzeitig konnte man ihr eine gewisse Eleganz nicht absprechen. Die vielen abgewinkelten Flächen und großen Glasfassaden riefen Erinnerungen an früher von der Meyer Werft gebaute Celebrity-Schiffe wach. Statt eines großen Schornsteins erhoben sich allerdings zwei schlanke Abzüge über die Aufbauten. Den Abschluss nach einem steil – aber nicht zu steil – abfallenden Heck machte eine über der Wasseroberfläche (zur Verbrauchsoptimierung) verbreiterte Abschlusskante.

Leicht nach innen versetzte Balkons reihen sich zwischen Brückenfront und Heckpartie aneinander. Kein Wunder, denn von den 1.426 Passagier-

1 Mit den Schiffen der Solstice-Klasse überschritt die Meyer Werft erstmals die 100.000-BRZ-Marke.

2 Das „aufgeschnittene" Schiff (hier die CELEBRITY SILHOUETTE) lässt erkennen, wie die große Menge an Außenkabinen erzielt wurde – durch schmale Aufbauten.
Nächste Doppelseite: Moderner Hightech auch auf der Brücke der CELEBRITY ECLIPSE.

kabinen liegen nur 140 innen – das sind weniger als zehn Prozent. Und unter den Außenkabinen sind nur wenige ohne Balkon.

Seit Anbeginn der Schifffahrt mit großen Passagierschiffen haben sich Konstrukteure den Kopf darüber zerbrochen, wie man möglichst vielen Passagieren Zugang zu natürlichem Licht verschaffen kann – mit teils außergewöhnlichen Ideen.

Die Lösung für die Solstice-Klasse wird beim Blick auf den Querschnitt der Schiffe deutlich: Auf einem breiten Post-Panamax-Rumpf sind einige Teile der Aufbauten deutlich schmaler gehalten. Auf diese Weise können großzügige Gesellschaftsräume in den unteren Decks eingerichtet werden, während in den Oberdecks die Kabinen fast allesamt außenbords liegen.

An Bord der Solstice-Klasse wird schnell deutlich, dass die ursprünglich griechische Reederei mit ihrer Muttergesellschaft Royal Caribbean Cruises Ltd. mittlerweile eine für beide Seiten förderliche Bindung eingegangen ist. Die neuen Schiffe verbinden einen Hauch der für Celebrity Cruises charakteristischen Technokratie mit dem unbeschwerten Luxus der Radiance-Klasse von RCI.

Eine ganze Kompanie führender Designbüros zeichnete verantwortlich für die Gestaltung der Gesellschaftsräume. Ein anderer Ansatz wurde für die Kabinen gewählt, wie eine Publikation der Meyer Werft verriet: „Fünf Frauen mit höchst unterschiedlichen Erfahrungen in der Kreuzfahrtbranche wurden ausgewählt, um die Anforderungen an diesen neuen Schiffstyp zu entwickeln. Dahinter stand die Erkenntnis, dass,

wenn die Erwartungen der Frauen erfüllt werden, die der Männer übertroffen werden."

Das Ergebnis konnte sich sehen lassen. Die Solstice-Klasse ist ein Schaukasten zeitgemäßer Wohn- und Architekturtrends. Und bei 122.000 BRZ durfte wieder großzügig mit dem Platz an Bord umgegangen werden. Schon das Atrium ist ein atemberaubender Eingangsbereich, der sich über nicht weniger als zwölf Decks erstreckt. Acht verglaste Panoramalifte erlauben die Betrachtung dieses beeindruckenden Raumes aus jeder Perspektive. Zu den architektonischen Highlights zählen dabei ein scheinbar frei schwebender Baum und die offene Bibliothek mit ihrem hoch aufragenden Bücherregal. Und über alledem spannt sich eine Glaskuppel und lässt Tageslicht hinein.

Nicht minder eindrucksvoll ist der Grand Epernay Dining Room mit Platz für über 1.400 Gäste, der sich über zwei Deckshöhen erstreckt. Seine Gestaltung ist gleichermaßen modern und zeitlos mit einem Hauch des Space-Age-Designs der frühen Siebzigerjahre. Der kolossale „Kronleuchter" an der Decke besteht bei näherem Hinsehen aus getönten Glaskugeln, und die Decke selbst wird von kühn geschwungenen Formica-Säulen getragen. Die Formen des Mobiliars, das Muster des Teppichs, die gläsernen Treppen und der Weinturm aus Chromstahl – alles trägt zu einem Eindruck kühler Eleganz bei.

Dabei ist dies nur eines (wenn auch das größte) von insgesamt zehn Restaurants und 16 Bars an Bord, die dem Passagier kulinarische Genüsse aller Art versprechen.

Dass alles irgendwann wiederkommt und Retro in unseren Tagen en vogue ist, wird auch bei der Betrachtung des weitläufigen Pool- und Wellnessbereichs auf den oberen Decks deutlich. Hier sind blaue Mosaikkacheln, wie sie früher in keinem modernen Hallenbad fehlen durften, allgegenwärtig. Allein Größe und Ausstattung dieser Bereiche lassen derlei Assoziationen rasch wieder vergessen. Ein Außenpool mit vier Jacuzzis und Sonnenliegen lädt zum faulen Relaxen ein. Und für Fahrten in kühlere Gewässer ist mit dem „Solarium", das mit seinem hohen Glasdach einer lichten Schwimmhalle gleicht, ein adäquater Ersatz vorhanden.

In der Kreuzfahrtindustrie gilt heute die Regel, dass kein Schiff – zumindest keine Schiffsklasse – mehr ohne ein sogenanntes First, d.h. ein Merkmal, das es in dieser Form zum ersten Mal auf See gibt, in Dienst gestellt werden darf.

An Firsts bietet die Solstice-Klasse mit dem Lawn Club erstmals einen Außenbereich mit echtem Rasen, der einerseits für sportliche Aktivitäten wie Golf oder Boules nutzbar ist, andererseits mit der angrenzenden Bar auch zum Schauplatz von Grillfeten wird.

Und eine Glasbläserei gibt in täglichen Vorführungen die Möglichkeit, etwas über dieses traditionelle Handwerk zu lernen und Könnern bei ihrer Arbeit zuzusehen.

Doch nicht nur bei der Raumgestaltung gingen Celebrity Cruises und Royal Caribbean gemeinsame Wege. Auch bei der Verwendung umweltschonender und energieeffizienter Technik führten die CELEBRITY SOLSTICE und ihre Schwesterschiffe konsequent den mit der Radiance-Klasse eingeschlagenen Weg fort. Im Ergebnis war die CELEBRITY SOLSTICE bei ihrer Indienststellung das wohl umweltfreundlichste Kreuzfahrtschiff der Welt. Das Zusammenwirken verschiedener Maßnahmen sorgt dabei für eine Energieeinsparung von rund 30 Prozent im Vergleich zu anderen, ähnlich großen Kreuzfahrtschiffen. Zu den Maßnahmen zählt neben einer an sich schon optimierten Hydrodynamik ein spezieller Unterwasseranstrich mit

1 Das beeindruckende Atrium mit offener Bibliothek.

2 Kühle Eleganz und ein Hauch Space Age kennzeichnen die Einrichtung der CELEBRITY SOLSTICE und ihrer Schwesterschiffe – hier der Grand Epernay Dining Room.

1 **2** Wellness auf dem Pooldeck und im Solarium.

1 Um den Spezialanstrich am Unterwasserschiff aufzubringen, wird dieses mit Folien abgeschirmt.

2 Verbesserte Energieeffizienz war einer der Kernpunkte beim Bau der Solstice-Klasse. Sonnenkollektoren tragen dazu bei.

3 Im Laserzentrum der Meyer Werft produzieren die Schiffbauer auf modernsten vollautomatisierten Panelstraßen.

4 Von der Laser-Hybridschweißanlage gefertigte Paneele werden in Handarbeit zu Sektionen zusammengesetzt und ausgerüstet.

einer umweltfreundlichen Farbe auf Silikonbasis. Ähnlich wie die Anti-Haft-Beschichtung einer Bratpfanne sorgt diese nicht nur für ein widerstandsarmes Gleiten des Schiffes durch das Wasser, sondern verhindert auch das Festsetzen maritimer Lebensformen am Rumpf.

Teile der Aufbauten tragen Sonnenkollektoren zur Energieerzeugung. Im Falle des Solariums dienen diese gleichzeitig als Schattenspender für den darunter liegenden Raum, sind sie doch direkt in das gläserne Dach dieses Bereiches eingelassen.

Die vielen Glasflächen des Schiffes tragen eine besondere Beschichtung, die zum einen schädliches UV-Licht filtert, zum anderen auch einen großen Teil der Sonnenwärme nach außen reflektiert. Die entsprechend geringere Erhitzung der Innenräume führt zu Einsparpotenzial bei der Klimatisierung des Schiffes.

Ein ähnlicher Effekt wird auch bei der Beleuchtung erreicht. Beim langjährigen Trend weg von herkömmlichen Glühlampen hin zu Energiesparlampen ging man bei der Solstice-Klasse ebenfalls den nächsten Schritt und entwickelte mit der Firma Osram ein Beleuchtungskonzept auf LED-Basis. Neben geringerem Stromverbrauch und höherer Lebensdauer der Leuchtmittel konnte auch hier eine Reduzierung der Abstrahlwärme erreicht werden – wiederum zugunsten eines geringeren Energieverbrauchs der Klimaanlage.

Weitere Einsparungen wurden erzielt durch die Steuerung der Bordsysteme mit Hilfe von über 14.000 Sensoren. So werden beispielsweise Licht und Klimatisierung in Bereichen reduziert, in denen sich gerade niemand aufhält.

Doch auch Systeme, die heute bereits energieeffizient arbeiten, wurden durch Optimierung, Wärmerückgewinnung, verbesserte Nutzung von Speisewasser und ähnliche Maßnahmen noch einmal verbessert.

Besondere Erwähnung verdienen noch die Kabinen des zweiten Schiffes dieser Serie, der CELEBRITY EQUINOX: Eine Reihe vorgefertigter Kabinen wurde vor dem Bau des Schiffes ins Entwicklungszentrum der Firma Porsche Engineering im baden-württembergischen Weissach verfrachtet. Auf einer beweglichen Plattform wurde dort ihre Akustik untersucht, wobei gleichsam der Einfluss durch Lärm von außen wie Geräusche, die aus der Bewegung des Materials resultierten, untersucht wurden, um insgesamt für eine bessere Schalldämmung zu sorgen.

Die CELEBRITY SOLSTICE wurde im Oktober 2008 an Celebrity Cruises übergeben. Ihre Schwesterschiffe CELEBRITY EQUINOX, CELEBRITY ECLIPSE,

CELEBRITY SILHOUETTE und CELEBRITY REFLECTION folgten jeweils in Jahresabständen bis 2012.

Schon als die CELEBRITY SOLSTICE abgeliefert wurde, sahen allerdings die Prognosen für den Schiffbau weltweit düster aus. Im Laufe des Jahres hatte sich die sogenannte Kreditklemme zu einer Wirtschaftskrise von weltweitem Ausmaß entwickelt. Das wohlgefüllte Orderbuch der Meyer Werft versprach zwar Vollauslastung bis 2012, aber wie sich bereits in der Folge des 11. September 2001 gezeigt hat, machen sich die Effekte ausbleibender Aufträge im Schiffbau oft erst einige Jahre später bemerkbar.

Trotz der vorhersehbaren Schwierigkeiten ließen sich Bernard Meyer und seine Belegschaft nicht entmutigen. Angesichts der Wachstumsprognosen für den weltweiten Kreuzfahrtmarkt hatte man erst kurz zuvor in den weiteren Ausbau der Anlagen investiert. Da der Trend zu immer größeren Schiffen ging und man auch künftig in der Lage sein wollte und musste, an anderthalb Schiffen gleichzeitig zu arbeiten, war eine Verlängerung der zweiten Baudockhalle auf beeindruckende 504 Meter nötig geworden. Dies ging einher mit der Erweiterung des Laserzentrums um eine zusätzliche Halle.

Mit einer installierten Laserleistung von 104 kW wurde die Meyer Werft damit zum größten Laserzentrum Europas. Im Herbst 2011 wurde es erneut erweitert. Stahlplatten, die im Format zehn mal drei Meter bei der Werft angeliefert werden, werden hier mithilfe von Plasmabrennern in jede beliebige Form geschnitten.

Mit Hilfe einer Laser-Hybridschweißanlage werden die Platten auf einer vollautomatischen Paneelstraße zu Paneelen von bis zu 20 mal 30 Metern verbunden. Die gleiche automatisierte Technologie wird auch verwendet, um die Paneele mit Profilen (also darauf geschweißten Verstärkungen und Verstrebungen) zu versehen.

Im Vergleich zur herkömmlichen Stahlverarbeitung arbeitet die Laser-Hybridschweißanlage schneller, kostengünstiger und energiesparender. Darüber hinaus kommt sie mit geringerer Wärme aus, sodass das Material weniger leidet und später fester bleibt. Die neuen Bautechniken erlauben die Verwendung dünnerer Stahlplatten. Dies führt am fertigen Schiff zu einer deutlichen Gewichtseinsparung.

Teils automatisiert, teils in „Handarbeit" werden den Paneelen im Sektionsbau Wände hinzugefügt und die späteren Schiffsräume schon so weit wie möglich mit Kabel- und Klimaschächten und Aggregaten vorausgerüstet. Dabei bildet das Paneel die spätere Decke des Raumes, unter der einmal Rohre, Kabel etc. verlaufen werden. Das „Auf-den-Kopf-stellen" der

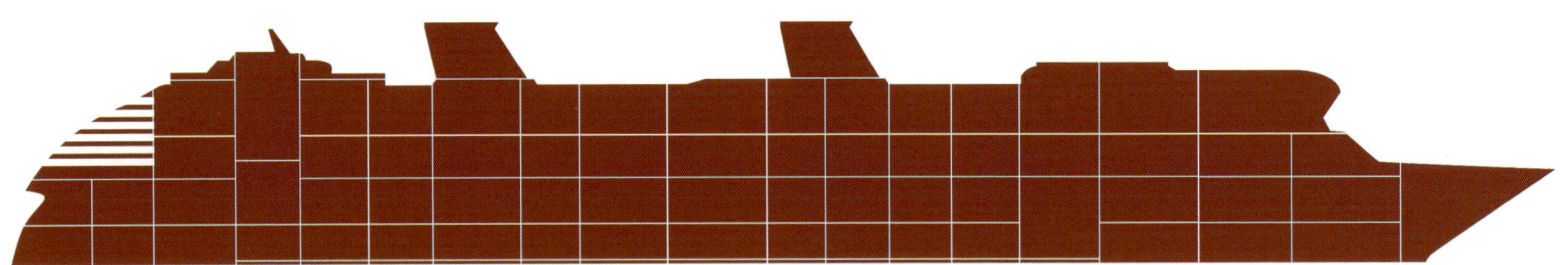

1

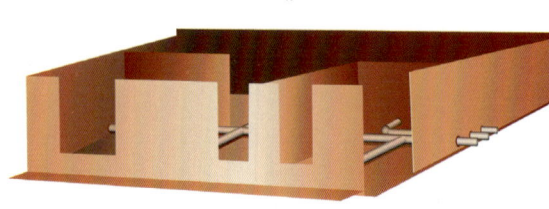

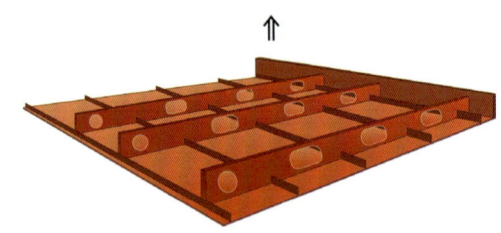

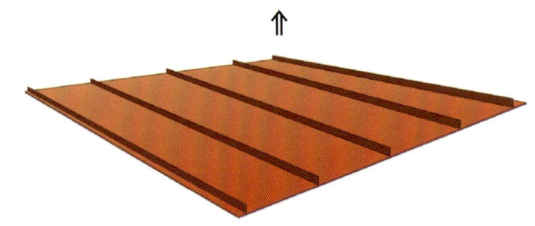

2

Räume bietet den Vorteil, dass die Arbeiter, die eine Sektion ausrüsten, auf dem Boden arbeiten können statt auf Leitern stehen zu müssen.

Erst wenn eine Sektion fertiggestellt und durch Tieflader in die Baudockhalle verbracht ist, wird sie mit Hilfe der dortigen Kräne gewendet und mit weiteren Sektionen zu einem Block von bis zu 800 Tonnen Gewicht verbunden. Dieser Blockbau geschieht direkt neben dem Baudock, sodass fertige Blöcke sofort auf das im Dock entstehende Schiff gehoben werden können.

Diese Bauweise nach dem Blockbau-Prinzip hat den Vorteil, dass das Schiff nicht nur im Baudock gebaut wird, sondern der Bauprozess sich über das gesamte Werftgelände verteilt. Es kann also an einer größeren Anzahl Bereiche eines Schiffes (respektive mehrerer Schiffe) zur selben Zeit gebaut werden. Das Schiff wird schneller fertig.

Die kurzen Wege der Kompaktwerft helfen dabei, unnötige Zeitverluste durch den Transport von Material, Paneelen, Sektionen und Blöcken zu vermeiden.

75 Prozent der Bauleistung eines Schiffes kauft die Meyer Werft extern, also bei Zulieferern, ein. Auch hier wird heute ein hohes Maß an Vorfertigung realisiert. Ganze Blöcke, die zum Beispiel von der Neptun Werft kommen, sind bereits mit Aggregaten, Rohrleitungen und Ähnlichem ausgerüstet. Auch die Schornsteine werden in der Regel zugekauft und schon lackiert und fertig zur Montage in Papenburg angeliefert.

Noch beeindruckender ist aber der Einbau vollständiger Kabinen. Was auf finnischen Werften schon Jahre zuvor gang und gäbe war, konnte auf Initiative der Meyer Werft 2003 auch im deutschen Schiffbau umgesetzt werden. Zusammen mit der Firma G+H wurde die schlüsselfertige Kabine entwickelt – komplett mit Möbeln, Auslegeware und vollständigem Badezimmer – die nur noch an die im Schiff vorhandenen Leitungen angeschlossen werden muss.

Während der Bauphase wird sie in Serie von außen in die offenen Blöcke eingeführt und dort verankert, bevor das Schiff von außen mit der Bordwand geschlossen wird. Dieses Prinzip bewährte sich derartig gut, dass G+H in unmittelbarer Nähe zur Meyer Werft zunächst den Kabinenhersteller G+H PreCab gründete, den die Werft später als eigene Gesellschaft (Ems PreCab) übernahm. Heute ist die Firma Ems PreCab als Kabinenproduzent in das System „Schlanker Schiffbau" voll integriert.

Auch Balkone werden mittlerweile als fertige Bauteile am Schiff befestigt. Etwas mehr Individualität ist bei der Ausgestaltung der Gesellschaftsräume gefragt, da hier eine gewisse Serienfertigung höchstens innerhalb einer Klasse von Schiffen möglich ist. Nichtsdestotrotz soll an dieser Stelle erwähnt sein, dass die Meyer Werft deutschlandweit der größte Abnehmer von Theatereinrichtungen ist.

Für den weltweiten Wettbewerb um den Bau des ultimativen (Kreuzfahrt-)Schiffes war die Meyer Werft also nach dem Ausbau der Anlagen bestens aufgestellt. Aber noch so gute technische und auch personelle Ausstattung hilft nur, wenn auch die Rahmenbedingungen stimmen. Und auf die hat ein Unternehmen nur bedingt Einfluss.

Die weltweite Wirtschaftskrise erfasste eine Vielzahl an Wirtschaftszweigen, auch den internationalen Schiffbau. Da die volle Wirkung hier, wie bereits erwähnt, erst mit einer gewissen Verzögerung zu erwarten war, blieb der Meyer Werft ausreichend Gelegenheit, sich auf die bevorstehende schwierige Zeit vorzubereiten. „Stärken stärken", so nannte einmal ein großes Handelsunternehmen in Hamburg sein Programm, mit dem überkommene Strukturen erneuert und ein frischer Ansatz für die Zukunft geschaffen werden sollte.

Bei der Meyer Werft sprach man vom „Konzept 2010" und vom System „Schlanker Schiffbau", das das Unternehmen für bevorstehende marktbedingte Herausforderungen fit machen soll. Zentraler und allgegenwärtiger Begriff war dabei die „Produktivitätssteigerung", also das Erreichen gesteckter Ziele mit geringerem Aufwand an Zeit, Kraft und Betriebsmitteln.

1 2 Moderner Schiffbau: Aus Paneelen werden Blöcke, und mehrere Dutzend Blöcke ergeben ein Kreuzfahrtschiff.
3 Sektionen werden „über Kopf" gebaut, um sie einfacher ausrüsten zu können. Vor dem Blockbau müssen sie gewendet werden.
4 Serienfertigung von Kabinen bei Ems PreCab.

Warum die Zukunft der Werft von der Steigerung der Produktivität abhing – vielleicht auch, warum von den einst so zahlreichen deutschen Werften nur noch so wenige übrig sind – wird deutlich, wenn man den deutschen Schiffbau im internationalen Vergleich sieht. Immerhin auf Platz 5 weltweit lagen die deutschen Werften 2010 bei der Anzahl der Neubauten und Aufträge:

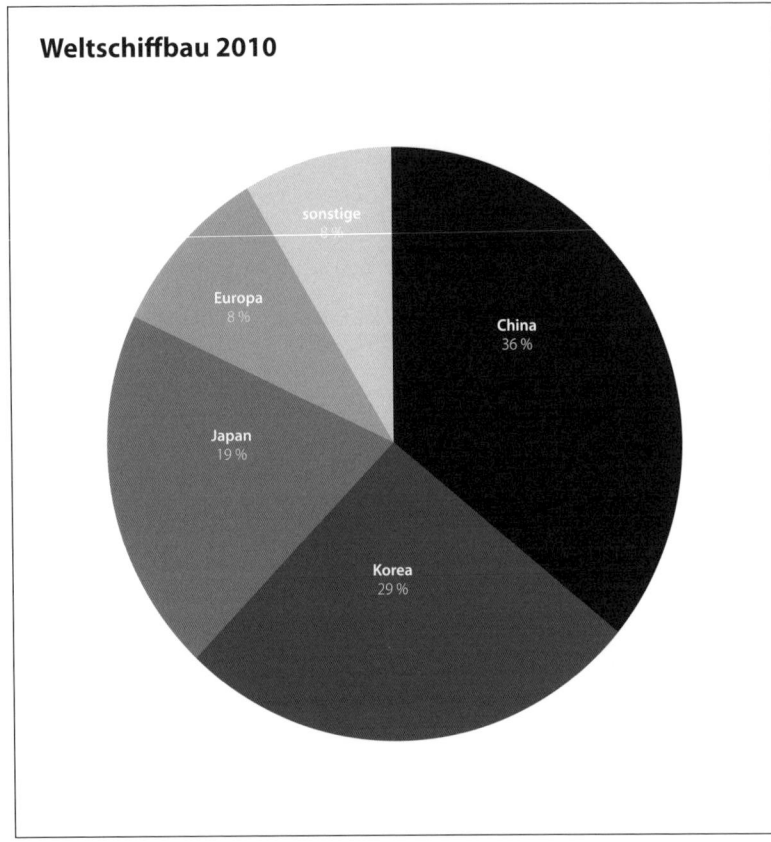

Weltschiffbau 2010

China 36 %

Korea 29 %

Japan 19 %

Europa 8 %

sonstige 8 %

Die Zahlen zeigen, dass das viel zitierte „Schreckgespenst" der Übermacht der asiatischen Schwerindustrie nicht von ungefähr kommt. Insbesondere chinesische und koreanische Werften haben dabei in staatlicher Unterstützung und einem extrem niedrigen Lohnniveau Vorteile im täglichen Konkurrenzkampf um neue Aufträge.

Jedoch gibt es kaum einen Wettbewerb ohne Nische. Die Werften des Hochlohnlandes Deutschland füllen diese Nische mit technisch anspruchs-

vollen Spezialschiffen. Im internationalen Kreuzfahrtsektor gibt es augenblicklich nur vier große Anbieter. Die Meyer Werft ist einer davon. Alle vier Unternehmen befinden sich in Europa. Und doch befinden sich zwei von ihnen inzwischen mehrheitlich in koreanischem Besitz. Und jüngst konnte der japanische Mitsubishi-Konzern mit seinem Angebot, die deutsche Reederei AIDA überzeugen, Clubschiffe einer neuen Generation zu einem sehr günstigen Preis in Japan zu bestellen.

Bedenkt man darüber hinaus, dass in jeder Wirtschaftskrise auch die Karten der Wettbewerber neu gemischt werden, so wird klar, wie essentiell wichtig die weitere Steigerung der Effizienz für die Meyer Werft war und ist.

Der Erkenntnis, dass vieles gut war, aber etliches noch besser gemacht werden könnte, folgt bald die Feststellung, dass dies nicht allein zu schaffen war. Im täglichen Arbeitsalltag sind viele Vorgänge über Jahre hinaus eingespielt, und oftmals braucht es den Blick eines Unbeteiligten, um die wahren Schwachpunkte zu erkennen und auch mal ungewohnte Wege zu beschreiten.

Die Meyer Werft beauftragte zu diesem Zweck die Unternehmensberatung Porsche Consulting, das – wie es in der Sprache der Berater heißt – Prozessmanagement zu optimieren und zu verschlanken. Das System „Schlanker Schiffbau" wurde etabliert. Dahinter verbirgt sich unter anderem ein übergreifender KVP-Prozess und z. B. die Einführung eines neuen Produktions- und Materialflussleitsystems, das dafür sorgt, dass sich alle Materialien zur richtigen Zeit an dem Ort befinden, an dem sie benötigt werden, dass die einzelnen Gewerke einer Werft enger vernetzt sind, dass Leerläufe und unnötige Wege vermieden werden, dass die Mitarbeiter in weniger Zeit und mit weniger Aufwand mehr Schiff bauen können.

Dem allgemeinen Fachkräftemangel auf dem deutschen Arbeitsmarkt begegnet die Meyer Werft durch die Investition in eigenen „Nachwuchs". Von 2.500 eigenen Mitarbeitern im Jahre 2010 waren ca. 300 Azubis. Die klassische Ausbildung wird durch eine eigene Akademie und die Förderung dualer Bildungssysteme zusätzlich ergänzt.

Und wo man so innovative und umweltfreundliche Kreuzfahrtschiffe wie die Solstice-Klasse baut, verweist man auch mit Stolz auf die eigenen Bemühungen beim Umweltschutz. Es kann nicht bestritten werden, dass jede Art von Industrie – von menschlichem Wirken überhaupt – sich auf die Umwelt auswirkt. Dass aber diese Auswirkungen so gering wie möglich sind und vom Ökosystem nachhaltig aufgefangen werden können – auch dem gilt die Sorge der Meyer Werft.

Die Umweltbelastung, die von der Werft ausgeht, wird heute EDV-gestützt überwacht. So kann man beispielsweise darauf verweisen, dass innerhalb von zehn Jahren der Verbrauch von Strom und Erdgas auf rund die Hälfte reduziert wurde. Wärmerückgewinnung, Energieeinsparung und die Reduzierung des CO_2-Ausstoßes sind dabei Teile einer kontinuierlichen Untersuchung des Produktionsprozesses.

Und wie bei den Fertigungsmethoden wird auch hier in die Forschung investiert und werden eigene Lösungen entwickelt. Statt beispielsweise große Oberflächen (wie die Außenhaut eines Schiffes) auf die herkömmliche Weise mit Hilfe von Sand, Chemikalien oder Schleifmitteln zu reinigen, verwendet man auf der Meyer Werft Trockeneis. Staub wird so bei der Arbeit gebunden und kann nach der Auflösung des Eises einfach vom Boden „aufgefegt" werden. Die Belastung von Mensch und Umwelt mit Staub und Feinstaub konnte dadurch um 70 Prozent reduziert werden.

Erstmals in der langen Geschichte des Unternehmens konnten 2010 binnen eines Jahres drei Kreuzfahrtschiffe abgeliefert werden. Die abgelieferten Schiffe hätten indes nicht unterschiedlicher sein können. Den Anfang machte im Februar das Clubschiff AIDABLU, gefolgt von der CELEBRITY EQUINOX im Sommer.

Im Dezember 2010 übergab die Meyer Werft dann die DISNEY DREAM an die Disney Cruise Line – ein Schiff, das in vieler Hinsicht anders war als alle, die je zuvor die Ems hinabgefahren waren. Einmal mehr – wie eigentlich bei jeder Schiffsklasse – hatte die Meyer Werft Neuland betreten.

Die Zusammenarbeit mit der Disney Cruise Line hatte mit der Unterzeichnung der Vorverträge für zwei Kreuzfahrtschiffe im Februar 2007 begonnen.

Während die führenden Reedereien in der Branche ständig am Puls der Zeit bleiben und in regelmäßigen Abständen neue Schiffe bestellen – bestellen müssen, um im Konkurrenzkampf zu bestehen! –, verfolgte der Newcomer Disney Cruise Line eine andere Strategie: Man beobachtete zunächst mehrere Jahre lang die Kundenresonanz auf die DISNEY MAGIC und die DISNEY WONDER. Diesen Luxus konnte man sich leisten, da das Kreuzfahrtgeschäft im Disney-Imperium nur ein Teil des großen Ganzen ist.

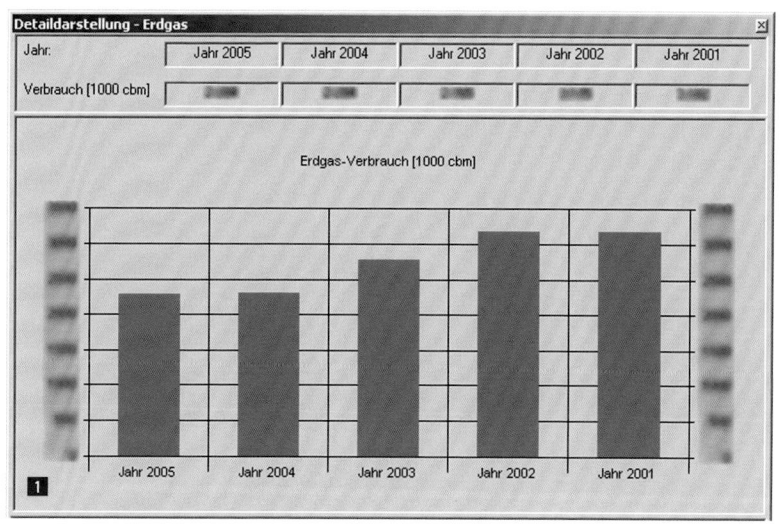

1 Mit Hilfe einer besonderen Software werden auf der Meyer Werft Verbräuche von Gas, Wasser und Strom überwacht.

Da sich aber die Ende der 1990er Jahre in Italien gebauten Schiffe am Markt sehr gut eingeführt hatten und regelmäßig voll ausgelastet fuhren, hatten Branchenkenner den Schritt zu einem Ausbau der Disney-Flotte schon lange für überfällig gehalten.

Der Auftrag konnte also von der Meyer Werft gebucht werden. Für die Disney Cruise Line stand fest, dass die beiden neuen Einheiten deutlich anders werden mussten, um auch langjährigen Gästen ein neues Aha-Erlebnis zu bieten. Mit einer Länge von fast 340 Metern und einer Breite von 37 Metern stand die Meyer Werft abermals davor, die größten je in Deutschland gebauten Passagierschiffe zu liefern. Mit fast 130.000 BRZ sollten sie vermessen sein.

Freilich war dies von der Solstice-Klasse aus kein so großer Schritt mehr, aber davon abgesehen haben beide Schiffsklassen auch nicht viel miteinander gemein. Bernard Meyer selbst brachte es auf den Punkt: „Bisher haben wir Schiffe mit Entertainmentanlagen und -einrichtungen gebaut, nun bauen wir ein Schiff um das Entertainment herum."

Das schließlich abgelieferte Ergebnis war ein Liner wie aus dem Bilderbuch. Oder besser gesagt: wie aus Disneys „Lustigem Taschenbuch".

Der Korrektheit halber sei an dieser Stelle gesagt, dass die DISNEY DREAM und ihr 2012 abzulieferndes Schwesterschiff DISNEY FANTASY natürlich keine Liner im Sinne eines traditionellen Liniendienstes sind. An dieser Stelle bietet es sich an, den Unterschied zwischen einem Kreuzfahrtschiff und einem Schiff für den Liniendienst kurz zu betrachten.

Schon die Bezeichnungen machen deutlich, dass ein Liner nach einem festen Fahrplan eine bestimmte Linie zu befahren hat. Dabei darf auch schlechtes Wetter den Komfort der Passagiere nicht allzu sehr beeinträchtigen. Kreuzfahrten hingegen werden zum reinen Vergnügen durchgeführt, sodass schweres Wetter im Sinne des Komforts im wahrsten Sinne des Wortes umschifft werden.

Natürlich kann auch die DISNEY DREAM in Fahrtgebiete mit stärkerem Seegang geraten. Aber wenn dies nicht ein Orkangebiet ist, dass man ohnehin umfahren kann, dann sorgen sowohl der Schiffsentwurf eines modernen Kreuzfahrtschiffes für sehr hohe Sicherheit als auch die Stabilisatoren für ein komfortables Seegangsverhalten und ein angenehmes Reiseerlebnis.

Die Optik der Disney-Schiffe ist folglich eher einer gehörigen Portion Seefahrerromantik geschuldet, nach der ein großer „Dampfer" einen geschwungenen schwarzen Rumpf (der Effekt wird geschickt durch eine umlaufende gelbe Linie erreicht), weiße Aufbauten und mindestens zwei Schornsteine haben muss.

Die Farbgebung der Schiffe – schwarz, weiß, gelb und rot – stammt nebenbei von der klassischen Micky Maus und weckt damit bereits unterbewusst Assoziationen an das, was die kleinen und großen Passagiere an Bord erwartet. Für Disney ist es Tradition, Entertainment für die ganze Familie anzubieten. Denn während die Disney-Schiffe natürlich in erster Linie für Familien mit Kindern entworfen werden, wird darauf geachtet, beiden Seiten – Kindern wie Eltern – ausreichend Freiräume zu schaffen. Enttäuschungen werden so vermieden und Erholung und Spaß für Groß und Klein vereint.

Die Kinderbetreuung an Bord sucht in der weltweiten Kreuzfahrt ihresgleichen, und da die Eltern ihre Sprösslinge in guten Händen wissen, ist ein sorgenfreies „Abschalten" in den Bereichen für Erwachsene möglich, bevor man den weiteren Tag gemeinsam gestaltet.

Es versteht sich von selbst, dass man Charakteren aus der Märchenwelt von Disney auf dem ganzen Schiff begegnet – in jeglicher Form: als Teil der Einrichtung, als „lebendige" Figuren oder auch als Animation.

2

1 Einer der Schornsteine geht an Bord.
2 Die faszinierende DISNEY DREAM.

1 Die Concierge Lounge der DISNEY DREAM lädt zum Relaxen unter freiem Himmel ein.

Bei der Einrichtung der DISNEY DREAM und DISNEY FANTASY machte man sich dabei die neuen Möglichkeiten der Technik zunutze und schuf animierte Bilder, die sogar mit den Passagieren interagieren.

Die Gestaltung der Gesellschaftsräume folgt dabei dem schon von außen erkenntlichen Ozeanliner-Thema – nur in einer etwas märchenhafteren Form und mit einigen besonderen Finessen. Dass insbesondere in den Kinderbereichen zum Beispiel Fenster oder Waschbecken niedriger montiert sind, versteht sich von selbst. Aber auch die Größe der Restaurants ist so angelegt, dass ein Rotationsprinzip möglich wird, nach dem jeder Passa-

gier pro Reise mindestens einmal in jedem Restaurant gegessen hat. Das Tischpersonal folgt dabei „seinen" Gästen von einem Speiseraum zum anderen, und Kinder wie Erwachsene können sich an den Überraschungen und unterhaltsamen Extras aller Restaurants erfreuen.

Innenkabinen sind Schiffseignern in der Regel – wie schon beschrieben – ein Dorn im Auge. Und alle Versuche, Passagieren die innen liegenden Unterkünfte schmackhaft zu machen, waren über Jahre nur über den Preis möglich. 1968 erklärte die Deutsche Atlantik Linie, die Innenkabinen ihres neuen Flaggschiffes HAMBURG seien den Außen-

kabinen absolut ebenbürtig, da gute Beleuchtung und eine Klimaanlage für optimale Bedingungen sorgten – sie waren deshalb trotzdem nicht beliebter.

Erst in jüngster Vergangenheit führten innovative Konzepte zu einer Verbesserung der Nachfrage nach innen liegenden Kabinen. Die Kreuzfahrtfähre COLOR FANTASY beispielsweise bietet Innenkabinen mit Blick auf die Ladenstraße im Inneren des Schiffes. Auch auf Kreuzfahrtschiffen finden Passagiere Geschmack am Blick ins Atrium. Die Innenkabinen von DISNEY DREAM und DISNEY FANTASY hingegen bieten echten Meerblick:

Die Bullaugen sind runde Flachbildfernseher, die den Blick nach außen in Echtzeit übertragen – mit dem gelegentlich ergänzenden Besuch von Disney-Charakteren.

Die augenfälligste – und wohl auch am meisten erwähnte – Neuerung der neuen Disney-Schwesterschiffe aber ist die 233 Meter lange „Aqua-Duck", eine Wildwasserbahn in Form einer transparenten Röhre, durch die man auf übergroßen Rettungsringen rutscht. Sie beginnt im achteren Schornstein, von wo sie in einem kühnen Bogen über die Bordwand hinaus führt und den Nervenkitzel der Fahrt fast 50 Meter über dem

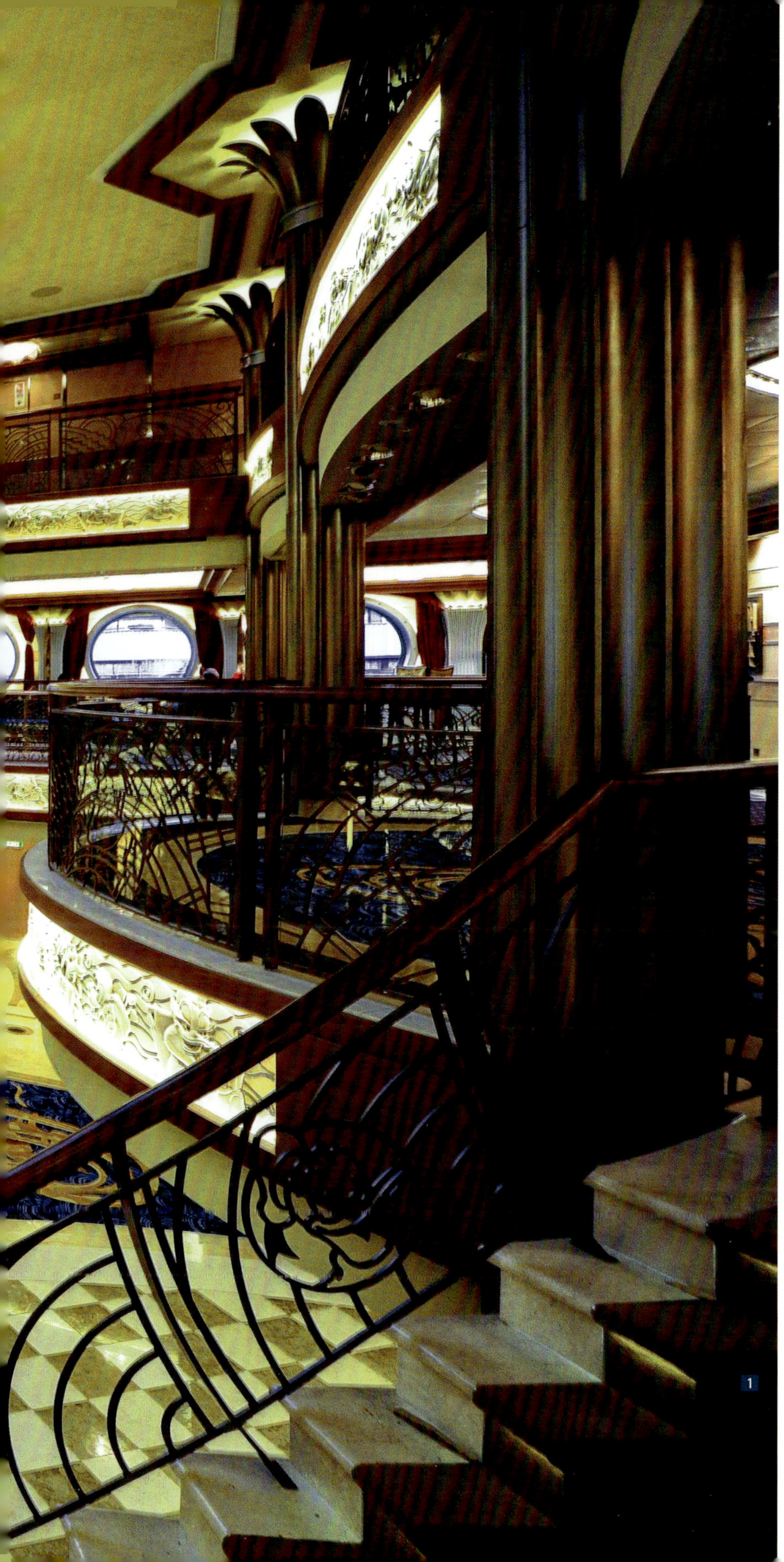

1

2

3

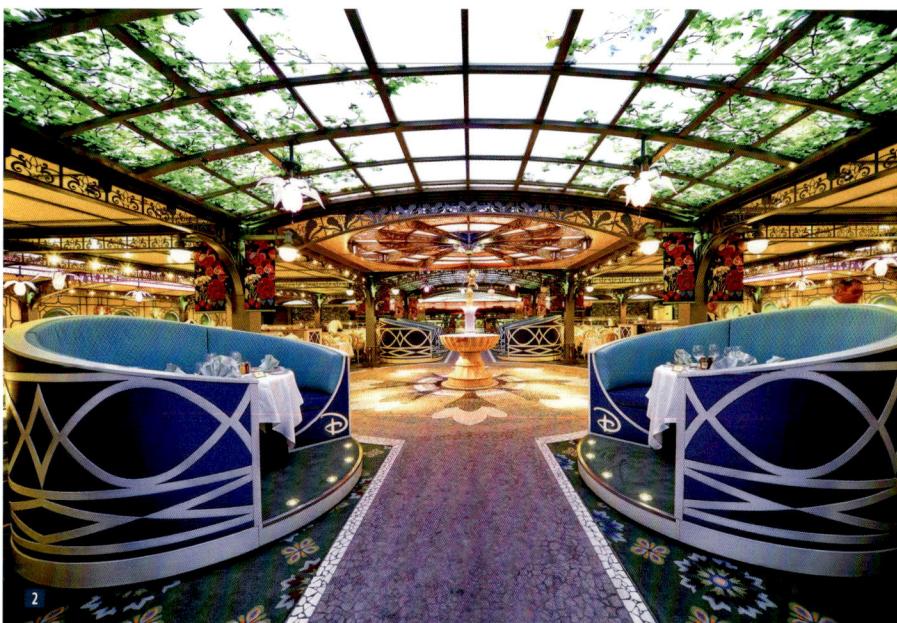

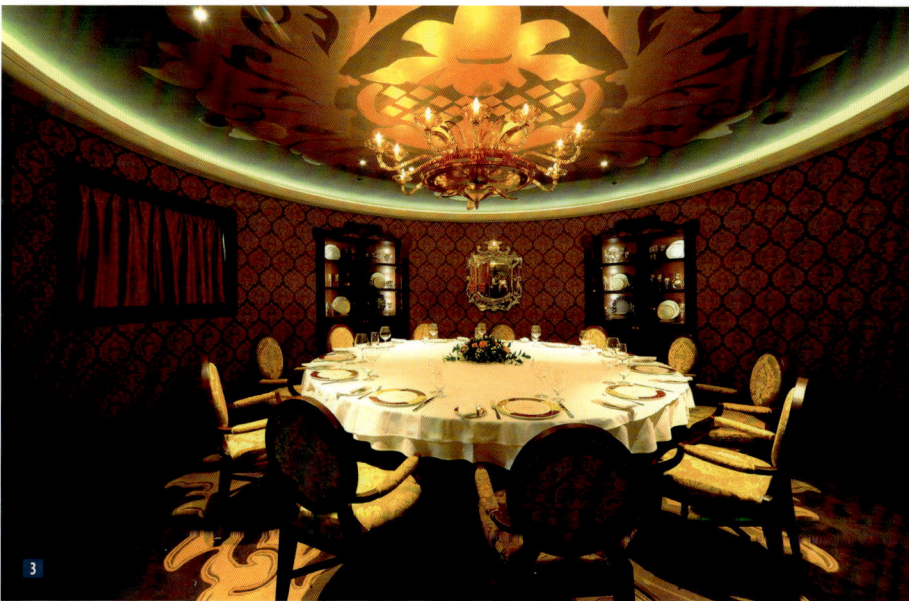

1 2 3 Halb Ozeanliner, halb Märchenschloss – die zauberhafte Welt der DISNEY DREAM.

1 Das Pooldeck mit der umlaufenden „AquaDuck".
2 An Groß und Klein ist auf den Disney-Schiffen gleichermaßen gedacht.
Nächste Doppelseite: In Goofy's Minigolf Court kann man sich unter freiem Himmel die Zeit vertreiben.

Wasserspiegel bietet. Über das offene Deck führt sie durch den vorderen Schornstein und endet in einem Pool.

Dass das Besondere an einer Fahrt mit der Disney Cruise Line nicht allein in der perfekt abgestimmten Mischung aus Entertainment und Erholung für Groß und Klein liegt, zeigen die vielen kleinen Details, die das Gesamtkonzept der einzelnen Bereiche abrunden. Das geht bis hin zu starken Unterwasserscheinwerfern, die dem nächtlichen Meer rund um das Schiff ein geheimnisvolles Leuchten verleihen.

Mit unserem Streifzug durch 25 Jahre Bau von Kreuzfahrtschiffen in Papenburg sind wir damit allmählich am Ende angelangt – 25 Jahre, in denen sich sowohl die Kreuzfahrtbranche als auch die Meyer Werft immer wieder neu erfunden haben. Was also wird man zukünftig von der Meyer Werft hören? Nach 2010 wird auch 2012 wieder ein „Drei-Schiffs-Jahr". Und 2010 endete auch die Saure-Gurken-Zeit, die mit der Weltwirtschaftskrise begonnen

hatte. Nach dem Auftrag für eine siebte AIDA im August konnte im Oktober 2010 der Auftrag für zwei neue Schiffe für die Norwegian Cruise Line gewonnen werden.

Die Schiffe des Projekts „Breakaway", die jeweils im Frühjahr 2013 und 2014 in Fahrt kommen werden, bauen abermals auf dem Freestyle-Cruising-Konzept auf.

Zwischenzeitlich hatte NCL die in Frankreich gebaute NORWEGIAN EPIC in Fahrt gebracht, die die Aufhebung alles Althergebrachten mit noch mehr Flexibilität weiter vorantrieb. Als Las Vegas auf See wurde sie beschrieben. Nebst einer noch größeren Auswahl an Restaurants und einem Unterhaltungskonzept mit weltbekannten Shows wie der „Blue Man Group" waren auch auf ihr diverse „Firsts" zu finden – zum Beispiel die erste Eisbar auf See. Sie war damit bereits im ersten Jahr so erfolgreich, dass damit zu rechnen ist, dass die Breakaway-Schwestern darauf aufbauen werden.

1 2012 liefert die Meyer Werft
die AIDAMAR ab.
2 Computer-Illustration der neuen Schiffe für
Norwegian Cruise Line.
3 Im Rahmen eines Forschungsprojekts
untersucht die Meyer Werft Brennstoffzellen
als zeitgemäßen, umweltfreundlichen
Schiffsantrieb.

Anlässlich des Brennstarts für den Stahlzuschnitt am 22. September 2011 ließ eine Pressemitteilung der Werft und der Reederei wissen, es werde eine große Auswahl an verschiedenen Kabinen geben; unter anderem Studios, die in Design und Preis für Alleinreisende konzipiert wurden, sowie „The Haven by Norwegian", das aus 42 Suiten im oberen Decksbereich und 18 zusätzlichen über das Schiff verteilten Suiten besteht.

Mit NORWEGIAN BREAKAWAY and NORWEGIAN GETAWAY wurden nun auch die Namen bekannt gegeben, die Norwegian Cruise Line zuvor in einem Wettbewerb ausgeschrieben und aus 230.000 Zuschriften ausgewählt hatte. Mit einer projektierten Vermessung von 144.000 BRZ und Platz für bis zu 4.000 Passagiere wird auch die Messlatte des größten bei der Meyer Werft gebauten Schiffes abermals höher gehängt. Zumindest für einige Monate, denn im Februar 2011 unterzeichnete Royal Caribbean International einen Vertrag für zwei neue Schiffe. Mit 158.000 BRZ sollen die Einheiten des Projekts „Sunshine" vermessen sein. Das erste dieser Schiffe soll im Herbst 2014 in Fahrt kommen.

In einer Pressemeldung anlässlich der Bekanntgabe des Projekts kommentierte Richard Fain als Vorsitzender der Muttergesellschaft Royal Caribbean Cruises Ltd.: „Auch weiterhin werden wir im frühen Status der Planung unsere Ideen zu der Ausstattung unter Verschluss halten, dennoch kann ich schon jetzt sagen, wie erfreut ich über die Leidenschaft und die Kreativität bin, mit der unsere Teams an das neue Projekt herangehen. Projekt Sunshine fußt auf den besten Ideen unserer bestehenden Schiffe und ergänzt gleichzeitig aufregende neue Konzepte rund um Aktivitäten und das Unterhaltungsangebot an Bord. Es wird Annehmlichkeiten für jeden geben: von großen, spektakulären Bereichen hin zu kleineren Plätzen, die Rückzugsmöglichkeiten und Ruhe bieten; von aufregenden Aktivitäten hin zu persönlicheren Erlebnis-Bereichen; von einer Fülle an Restaurant-Optionen hin zu einer Vielzahl von Einrichtungen für Familien. Besonders freue ich mich auch über die Energie-Effizienz sowie die Umwelt-Technologie, die Teil des Projektes sind. Bereits unsere heute existierenden Schiffe gehören zu den Vertretern der Kreuzfahrt-Industrie mit der höchsten Energie-Effizienz – Projekt Sunshine wird dies noch einen Schritt weiter nach vorne treiben. Bei mehr als 20 Jahren Erfahrung mit der Meyer Werft zusammen mit ihren aufregenden technologischen Ansätzen bin ich sicher, dass wir Gästen all diejenigen Innovationen anbieten können, die sie von uns erwarten."

„Wir sind sehr froh, unsere langjährige Kooperation mit Royal Caribbean International fortsetzen zu können", fügte Bernard Meyer hinzu. „Die Reederei steht für innovative Schiffbauprojekte. Diese Projekte realisieren zu dürfen, ist für uns eine weitere Möglichkeit, neueste Ideen und Technologien in die Kreuzfahrtbranche einzubringen."

Forschung und Innovation – das hat dieses Buch gezeigt – waren und sind eine wichtige Triebfeder des Erfolges der Papenburger Schiffbauer. Dabei sind effiziente Fertigungstechniken, Bau und Ausstattung der Schiffe wie auch der Umweltschutz eng miteinander verzahnt.

Forschung und Ausbildung werden also auch fortan wichtige Eckpunkte der Arbeit auf der Meyer Werft darstellen. Emissionsärmere Antriebskonzepte für Kreuzfahrt- und auch andere Schiffe sind dabei ein Kernelement der Tätigkeiten. Im Rahmen des Projekts e4ships ist die Meyer Werft eines der Unternehmen, das sich an der Erprobung alternativer Schiffsantriebe wie Brennstoffzellen und Gasantrieben befasst.

Vor 25 Jahren glaubte man, bei gut 40.000 BRZ sei für die Meyer Werft die technisch machbare Obergrenze für Neubauten erreicht. Auch glaubte man, weltweit bestehe kaum Bedarf an noch größeren Schiffen.

Heute reisen Menschen auf Schiffen von über 220.000 BRZ. Die Meyer Werft ist in der Lage, Größen bis 180.000 BRZ zu realisieren – mit Ausstattungsmerkmalen und technologischem wie ökologischem Fortschritt, den sich 1986 niemand auch nur ausgemalt hätte.

Angesichts solcher Entwicklungen entzieht sich der Autor an dieser Stelle der Verlockung, zu prognostizieren, das Ende des Größenwachstums bei Kreuzfahrtschiffen sei nun erreicht, und beschränkt sich auf die Feststellung, dass es interessant sein wird, wie Schiffbau international und in Papenburg in weiteren 25 Jahren aussehen wird. Der Meyer Werft und den Menschen, die dort arbeiten, sei bis dahin alles Gute und buchstäblich immer eine Handbreit Wasser unter dem Kiel gewünscht.

PAPENBURGER KREUZFAHRTSCHIFFE AUF GROSSER FAHRT

Die zeitlichen Dimensionen im Schiffbau sind größer als in vielen anderen Industrien. Zwischen Planung, Auftrag, Baubeginn und Fertigstellung eines Schiffes liegen meist Jahre. Ebenso verhält es sich auch mit der Dienstzeit eines Kreuzfahrtschiffes. Eine Lebenserwartung von 30 Jahren und mehr ist nicht die Ausnahme, sondern die Regel, und auf den Meeren der Welt sind zahlreiche (immer wieder modernisierte) Veteranen aus den 1970er Jahren unterwegs, die in vielen Fällen noch etliche nützliche Jahre vor sich haben, bevor sie entsorgt und wertvolle Rohstoffe wiederverwertet werden.

Entsprechend sind auch alle auf der Meyer Werft gebauten Kreuzfahrtschiffe noch im Einsatz. Angesichts der zunehmenden Schnelllebigkeit der Kreuzfahrtindustrie haben einige von ihnen allerdings abwechslungsreiche Geschichten zu erzählen.

betrieb die Holland America Line als eigenständige Marke weiter, und die WESTERDAM blieb unter diesem Dach höchst erfolgreich weiter in Fahrt.

Da Carnival mit Holland America das Premiumsegment abdeckte, in das die nun 16 Jahre alte WESTERDAM ohne größere Investitionen nicht mehr hineinpasste, verließ sie die Flotte im Jahr 2002 und wurde an ein anderes Tochterunternehmen transferiert, Costa Crociere.

Costa stand innerhalb der Carnival Corporation als Marke für preiswerten Familienurlaub, und als COSTA EUROPA fand das erste Kreuzfahrtschiff der Meyer Werft nach umfangreicher Renovierung hier seinen Platz.

Im April 2010 wurde sie dann von Costa für zehn Jahre an die britische TUI-Tochter Thomson Cruises verchartert, für die sie jetzt als THOMSON DREAM fährt.

Der HOMERIC blieb bei Home Lines nur eine kurze Karriere beschieden, bevor die Reederei von der altehrwürdigen Holland America Line übernommen wurde. Als die Meyer Werft das nunmehr in WESTERDAM umbenannte Schiff 1989/90 verlängerte, waren dessen Eigner ihrerseits „geschluckt" worden. Doch die mächtige Carnival Corporation

Die Royal Cruise Line wurde zwar bald nach dem Bau der CROWN ODYSSEY von der Kloster-Gruppe übernommen, doch als Marke mit eigener Identität blieb sie erhalten, bis sie schließlich 1996 in die Norwegian Cruise Line integriert wurde. Das Schiff wurde in diesem Zuge in NORWEGIAN CROWN umbenannt – in Anlehnung an seinen vorherigen Namen.

1 Begegnung in Hamburg: Die gerade fertiggestellte DISNEY DREAM und der erste Kreuzfahrer der Meyer Werft, die THOMSON DREAM (ehemals HOMERIC).

1 Durch den Aufbau eines zusätzlichen Decks und das Einfügen einer zusätzlichen Sektion mittschiffs ist die CROWN ODYSSEY als BALMORAL von Fred. Olsen um fast 10.000 BRZ gewachsen und wurde dabei um 30 Meter verlängert.

2 Von 2005 bis 2009 fuhr die ehemalige HORIZON als ISLAND STAR für Island Cruises. Die markante Formensprache und das noch immer erkennbare Reederei-Logo X lassen nach wie vor ihren Ursprung erkennen.

3 Die ZENITH folgte ihrem Schwesterschiff zu Pullmantur Cruises. Allerdings behielt sie ihren Namen durchweg.

4 Aus der GALAXY wurde im Mai 2009 MEIN SCHIFF 1, die erste Einheit in der expandierenden Flotte von TUI Cruises.

Bereits nach vier Jahren erhielt sie ihren Taufnamen zurück, als sie an die ebenfalls von NCL betriebenen Orient Lines transferiert wurde.

2003 wurde die CROWN ODYSSEY umfassend modernisiert – unter anderem wurde die Zahl der Kabinen mit Balkon aufgestockt – und wieder unter dem neuen, alten Namen NORWEGIAN CROWN bei NCL eingegliedert. Da sie allerdings nicht mehr in das Konzept des Freestyle Cruising passte, verließ sie die Flotte Ende 2007 nach Indienststellung der NORWEGIAN GEM.

Neuer Eigner wurde die im Ursprung norwegische Reederei Fred. Olsen Cruise Lines, die sehr erfolgreich den britischen Kreuzfahrtmarkt bedient. In BALMORAL umbenannt, erhielt das Schiff bei Blohm + Voss eine umfassende Verjüngungskur, bei der es unter anderem um 30 Meter verlängert wurde.

Die HORIZON verblieb 15 Jahre lang als Luxusschiff bei Celebrity Cruises, bevor sie innerhalb der Royal-Caribbean-Gruppe einen neuen Betreiber bekam. Mit ihren 46.000 BRZ passte sie zu diesem Zeitpunkt nicht mehr zu den Ansprüchen, die Celebrity zu erfüllen wünschte. Für einen „Boutique-Kreuzfahrer" war sie zu groß, für luxuriöse Ansprüche zu klein. Die seinerzeit aktuellen Schiffe der Millennium-Klasse von Celebrity waren doppelt so groß.

Die HORIZON wurde 2005 in ISLAND STAR umbenannt und unter das Dach der RCI-Marke Island Cruises gestellt.

Durch die Umgestaltung von Besatzungskabinen zu Passagierunterkünften wurde die Anzahl der Passagiere zulasten der Crewstärke erhöht, so dass künftig eine preisbewusstere Klientel angesprochen werden konnte.

2009 wurde sie innerhalb der RCI-Gruppe zu dem spanischen Ableger Pullmantur Cruises transferiert und als PACIFIC DREAM eingesetzt. Ab 2012 wird sie für die französische Marke des Unternehmens, Croisières de France, fahren und ihren ursprünglichen Namen zurückerhalten – allerdings in französischer Schreibweise: L'HORIZON.

Ihr Schwesterschiff ZENITH weist einen ähnlichen Werdegang auf, aber mit weniger Stationen: Sie blieb bis 2007 für Celebrity Cruises im Einsatz und wurde dann – ebenfalls mit 15 Jahren – unter der Flagge von Pullmantur Cruises gestellt. Ihren Namen behielt sie, und sie fährt nach wie vor für die spanische Reederei.

Die CENTURY ist nach wie vor für ihre ursprünglichen Eigner im Dienst, allerdings wurde sie 2006 in CELEBRITY CENTURY umbenannt.

Ihre beiden Schwesterschiffe GALAXY und MERCURY verließen die Celebrity-Flotte 2009 bzw. 2011. Zwischenzeitlich war die Muttergesellschaft Royal Caribbean Cruise Line ein Joint Venture mit dem deutschen Anbieter TUI eingegangen, aus dem die neue Marke TUI Cruises resultierte, die eine hochpreisigere Variante des Clubschiffes anbietet.

RCI stellte für diese deutsch-amerikanische Zusammenarbeit die Schiffe, die sich als MEIN SCHIFF 1 und MEIN SCHIFF 2 inzwischen auf dem deutschen Markt hervorragend etabliert haben. Zuvor waren beide

1 Nach der Übernahme der SUPERSTAR LEO in die NCL-Flotte erhielt das Schiff einen farbprächtigen Rumpfanstrich wie die anderen Einheiten der Reederei. Auch sonst unterscheidet sie sich kaum von den späteren Neubauten für NCL.

2 Im Gegensatz zu späteren Neubauten für NCL verließ die NORWEGIAN STAR die Werft mit weißem Rumpf und erhielt erst später diesen farbigen Anstrich.

3 NCL America konnte nicht die gewünschten Passagierzahlen anziehen, so dass die PRIDE OF HAWAI'I heute als NORWEGIAN JADE andere Fahrtgebiete bedient.

4 Die vier Schiffe der Radiance-Klasse erhielten zusätzlich zu den eingebauten Gasturbinen je eine Dieselmaschine für die Stromversorgung im Hafen.

gründlich modernisiert und den Geschmäckern des deutschen Publikums angepasst worden. In großem Stil wurden dabei unter anderem auch Kabinen mit Balkons ergänzt, die mittlerweile zum Muss geworden waren.

Während die SUPERSTAR VIRGO nach wie vor für Star Cruises auf den Meeren unterwegs ist, wurde ihre ältere Schwester SUPERSTAR LEO nach nur fünf Jahren bei der Tochtergesellschaft NCL eingegliedert.

Der asiatische Kreuzfahrtmarkt hatte sich nicht wie zunächst angenommen weiterentwickelt. Dafür war NCL mit dem Konzept Freestyle Cruising sehr erfolgreich, sodass nicht nur die Libra-Klasse für die amerikanische Reederei in Fahrt kam, sondern auch die SUPERSTAR LEO transferiert wurde. Sie wurde in NORWEGIAN SPIRIT umgetauft und erhielt, wie die anderen NCL-Schiffe, eine farbige Rumpfbemalung.

Diese wurde auch bei der zunächst mit weißem Rumpf in Fahrt gebrachten NORWEGIAN STAR hinzugefügt.

Der ursprünglich von NCL für vier Schiffe geplante Kreuzfahrt-Linien-dienst von der US-Westküste nach Hawaii hatte sich nicht nach Wunsch entwickelt, so dass NCL America schließlich auf nur ein Schiff, die PRIDE OF AMERICA, reduziert wurde. Die bei der Meyer Werft gebaute PRIDE OF HAWAI'I wurde im Februar 2008 – nach weniger als zwei Jahren – in NOR-WEGIAN JADE umbenannt und erhielt statt der aufgemalten Blumenkette Verzierungen in Jadegrün am Rumpf.

Die vier Schwesterschiffe der Radiance-Klasse sind nach wie vor für Royal Caribbean Cruises unterwegs. Im praktischen Einsatz hatte ihre innovative Antriebsanlage mit Gasturbinen allerdings nicht nur Vorteile mit sich ge-bracht.
Zwar ging das ursprüngliche Vorhaben der Reduzierung von Emissionen bei erhöhter Energieeffizienz durchaus auf – allerdings nur im entspre-chenden Lastenbereich, wenn die Schiffe in Fahrt waren.

Gerade Kreuzfahrtschiffe verbringen aber viel Zeit in Häfen, wo die Haupt-maschinen heruntergefahren werden und nur zur Erzeugung von Strom für den Bordbetrieb dienen. Und gerade hier entpuppten sich die Turbinen als regelrechte Treibstoff-Fresser.
Um auch während der Liegezeiten dem Anspruch des Umweltschutzes gerecht zu werden, erhielten die RADIANCE OF THE SEAS und ihre Schwes-tern 2007 jeweils eine zusätzliche Dieselmaschine des finnischen Herstellers Wärtsilä für den Betrieb der Generatoren.

KLAS BROGREN
VON DER HOMERIC ZUR SILHOUETTE – UND DARÜBER HINAUS
25 JAHRE TECHNISCHE ENTWICKLUNG

KLAS BROGREN hat sich vor allem der Passagierschifffahrt als seinem lebenslangen Hobby verschrieben. 1977 machte er sein Hobby zum Beruf, als er ein Projekt für Tor Line in Göteborg übernahm. Fünf Jahre später begann er als Schiffsmakler in Stockholm zu arbeiten, wo er ebenfalls im Bereich S&P und Chartering tätig war, mit dem Schwerpunkt Passagierschifffahrt. 1981 kehrte Klas Brogren in seine Heimatstadt

Hamstad zurück, um Teilhaber bei *Marine Trading* zu werden, die für viele Jahre den Vorstandsvertrag für Prince of Fundy Cruises sowie die Scarlett Line hielt. Als die Nachfrage nach Marktinformationen größer wurde, gründete Brogren seine eigene Firma *Plus 2 Ferryconsultation AB*, die später als *ShipPax Information* firmierte. Abgesehen von den Publikationen CRUISE & FERRY Info, GUIDE, DESIGNS, MARKET und ShipPax Database bietet *ShipPax* maßgeschneiderte Beratung oder Evaluationen und ist ein Mitbegründer und Organisator der im Frühjahr stattfindenden Ferry Shipping Conference.

Als die HOMERIC im September 1985 mit einer gigantischen Welle in die Ems glitt, schrieb dieser Stapellauf nicht nur deshalb Geschichte, weil es sich um das erste von der Meyer Werft gebaute Kreuzfahrtschiff handelte. Er stellte auch einen Rekord auf, weil es das größte Schiff war, das jemals seitwärts ins Wasser glitt. Es schien, als wolle die Meyer Werft vom ersten Tag an gegenüber der Konkurrenz die Nase vorn haben.

Heutzutage sind Kreuzfahrtschiffe um ein Vielfaches größer und die Werft hat erheblich in Fertigungstechnik und Leistungsfähigkeit investiert. Trotz großer Konkurrenz aus anderen europäischen Staaten stehen mehr Kreuzfahrt-Neubauaufträge in den Büchern als bei jeder anderen

Werft der Welt. Sie hat sich als einer der drei führenden Erbauer von Kreuzfahrtschiffen etabliert und hält heute sogar die Führung.

Das kommt nicht von ungefähr. Während die Meyer Werft früher hauptsächlich Fähren und Flüssiggastanker baute, sind heute Kreuzfahrtschiffe ihr täglich Brot. Geht man durch die Baudocks, bietet sich ein beachtlicher Anblick. Niemand sonst ist in der Lage, derart grandiose Schiffe in überdachten Hallen zu bauen. Diese Tatsache allein erweist sich als großer Vorteil, da die Produktion dadurch viel leistungsfähiger, vor allem aber wetterunabhängig ist. Auch die Investition in Plasmabrenntechnik, Laserschweißer und Verbesserungen in der Baustrategie und der Bauweise hat der Meyer Werft einen Wettbewerbsvorteil verschafft. Um die

1 **2** Das moderne Laserzentrum macht die Meyer Werft zu einem der effizientesten Betriebe unserer Zeit.

modernsten Schiffstypen zu bauen, benötigt man eben die modernsten Fertigungsanlagen.

Rückblickend war die HOMERIC vielleicht nichts anderes als ein ganz gewöhnliches, an die klassischen Passagierschiffe angelehntes Schiff. Der Schiffseigner verlangte keine besonderen Eigenschaften. Trotzdem hat sie ihre dauernde Qualität unter Beweis gestellt: Sie ist in die größte Kreuzfahrtflotte der Welt übernommen und sogar zwecks Verlängerung nach Papenburg zurückgeschickt worden.

Aber bereits Schiff Nummer zwei, die CROWN ODYSSEY, bewies, dass von der Meyer Werft mehr in dieser Richtung zu erwarten war. Sie war das erste Schiff, das in den überdachten Baudocks erbaut wurde, beeindruckte

aber die Fachwelt vor allem mit ihrer äußeren Erscheinung. Wäre sie nicht nachträglich umgebaut worden, um eine effizientere Flächennutzung zu erzielen, würde sie wohl immer noch den ersten Platz unter den „Schönen" in der Kreuzfahrtindustrie halten. Mit der ODYSSEY kamen Innovationen wie zum Beispiel Kabinen mit Fenstern.

Kreuzfahrten galten in den Jahren der HOMERIC (1986) und CROWN ODYSSEY (1988) immer noch als Privileg einer kleinen Schar Auserwählter. Seitdem aber haben sie sich zunehmend zu einem Teilbereich des Massentourismus entwickelt und verzeichnen Jahr für Jahr erhebliche Zuwächse. Dies wurde ermöglicht durch schiere Serienfertigungsvorteile und der Größenentwicklung in der neuen Generation von Kreuzfahrtschiffen. Trotz Inflation sind die Investitionskosten pro Bett in etwa gleich

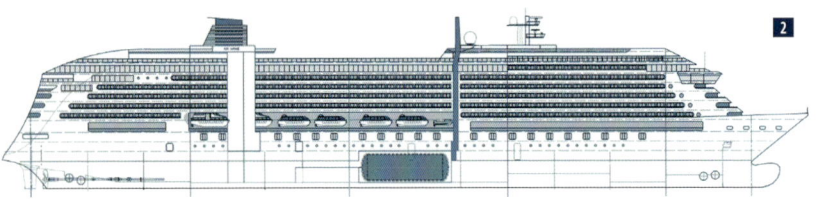

1 Die elegante CROWN ODYSSEY vermag bis heute zu gefallen.

2 Schiffe, die mit Flüssiggas anstatt Schweröl angetrieben werden, sind bald keine Zukunftsmusik mehr.

3 Im Evakuierungsfall können Kreuzfahrtschiffe heute über aufblasbare Notrutschen verlassen und in Rettungsinseln evakuiert werden.

geblieben. Daher können die Gesellschaften heute Fahrten zu denselben Preisen anbieten wie vor Jahrzehnten, jetzt aber auf Schiffen, die sehr viel mehr zu bieten haben als früher.

ANTRIEBSTECHNIK

Während des vergangenen Jahrzehnts gingen fast alle Kreuzfahrtschiffe zu dieselelektrischem Antrieb über. Dabei sind Pod-Antriebe leistungsfähiger als ein konventioneller Antrieb und machen Heckstrahlruder

überflüssig. Heutzutage stehen wir wahrscheinlich an der Schwelle zum Flüssiggasschiff. Die strengeren Auflagen in Bezug auf Schwefelemissionswerte, die 2015 in Kraft treten werden, bringen eine solche Entwicklung weiter voran. Zwar könnten Schiffe die von den besonders restriktiven Umweltauflagen betroffenen geographischen Gebiete meiden, aber letztendlich müssen die Kreuzfahrtgesellschaften dort ausreichend Kreuzfahrten anbieten, wohin die Passagiere reisen wollen.

SICHERHEIT AUF SEE

Die neuen Vorschriften hinsichtlich der „sicheren Rückkehr in den Hafen" verlangen, dass Schiffe sogar im Falle eines Stromausfalls fahrtüchtig sein müssen. Das System soll aufgeteilt und mehrfach vorhanden sein, so dass ein Teil nicht vom anderen abhängig ist.

Im Gegensatz zur älteren Generation von Wassersprinklern versprühen die Sprinkler heutzutage mittels Hochdrucks einen „Wassernebel", wenn in den Passagierbereichen Feuer ausbricht. Dafür benötigt man Rohre mit weniger Wasser, was positive Auswirkungen auf die Stabilität des Schiffes hat. Dasselbe gilt auch für Vakuumtoiletten, die das alte Wasserspülsystem ersetzen.

Rettungsboote sind auf Kreuzfahrtschiffen noch immer unentbehrlich, vor allem als Tenderboote in denjenigen Häfen, in denen das Schiff nicht am Kai anlegen kann. Ein Notausstieg lässt sich allerdings besser auf aufblasbaren Rutschen durchführen, die zu aufblasbaren Rettungsinseln führen. Im luftleeren Zustand ist das System klein und lässt mehr Platz an anderer Stelle. Vorbild sind die Passagierflugzeuge, aber in ganz anderer Größenordnung.

Die Sicherheitsbilanz der Kreuzfahrtschiffe ist beeindruckend. In den vergangenen 25 Jahren haben bei Unfällen auf Kreuzfahrtschiffen nur 13 Passagiere ihr Leben verloren, während im selben Zeitraum etwa 300 Millionen Passagiere befördert wurden, was etwa 2,1 Milliarden Kreuzfahrttagen entspricht. Kreuzfahrten sind wahrscheinlich die sicherste Reise- und Urlaubsmethode überhaupt.

SICHERHEIT AN BORD

Magnetkarten enthalten heute nicht nur Informationen über zu zahlende Dienstleistungen an Bord, sondern auch ein Foto und weitere personenbezogene Informationen. So kann die Mannschaft an der Gangway gewährleisten, dass kein unbefugter Passagier an Bord gelangt. Sie verschaffen ebenso Klarheit darüber, wie viele Passagiere sich noch an Land befinden, wenn die Abfahrtzeit naht.

UMWELT

LED-Beleuchtung, spezielles Fensterglas, das die Sonneneinstrahlung reduziert, und Kabinenschlüsselerkennung für die Klimaanlage sind Maßnahmen zur Reduzierung von erhöhter Klimatisierung und damit des Bedarfs an Strom für den Hotelbetrieb an Bord. Die neuen Generationen von Kreuzfahrtschiffen benötigen deutlich weniger Energie pro Passagier als die früheren Schiffe.

Auch bei der Entsorgung von Abfall und Wasser gab es tiefgreifende Entwicklungsschritte. Heute wird nichts mehr einfach über Bord geworfen. Vielmehr wird der gesammelte Müll in einem geschlossenen Kreislaufsystem an Land recycelt, wenn das Schiff einen Hafen ansteuert, oder es wird rückstandsfrei an Bord verbrannt. Nebenbei bemerkt hat eine der führenden Firmen für Abfallbehandlung ihren Sitz in Deutschland, und zwar nicht allzu weit von Papenburg entfernt.

Kabinen werden heute in Fertigbauweise angeliefert, um die Qualitätskontrolle zu verbessern und die Fertigungskosten zu reduzieren. Als komplette Einheiten gelangen sie in die Werft, wo sie ganz einfach wie Legosteine eingebaut werden. Dabei befindet sich praktisch alles, was dazugehört, bereits an seinem Platz – sogar der Haartrockner!

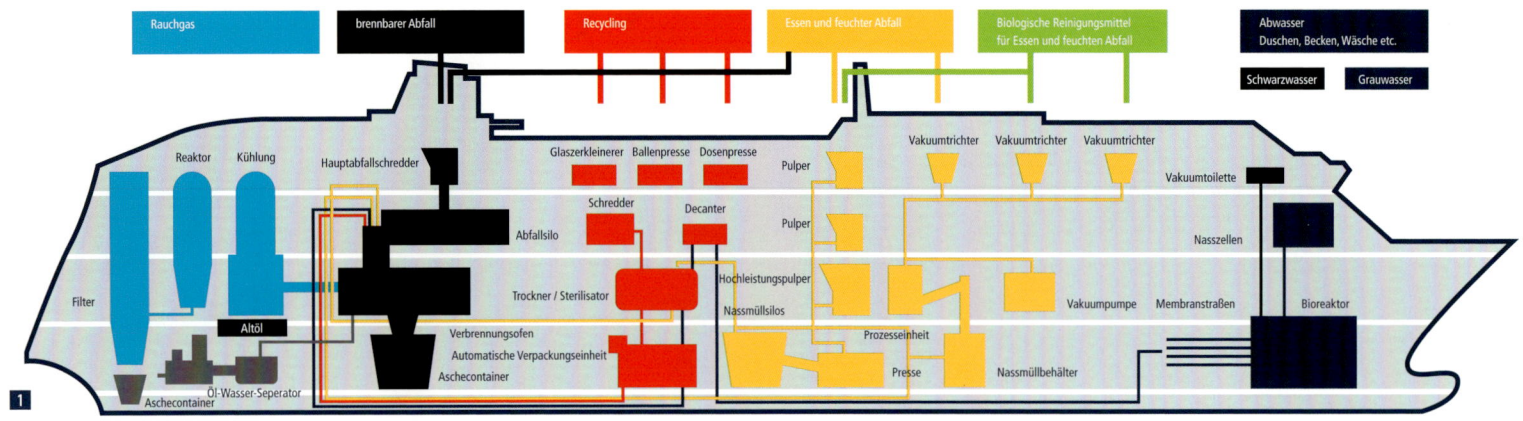

Labels in figure:
Rauchgas | brennbarer Abfall | Recycling | Essen und feuchter Abfall | Biologische Reinigungsmittel für Essen und feuchten Abfall | Abwasser Duschen, Becken, Wäsche etc. | Schwarzwasser | Grauwasser

Reaktor | Kühlung | Hauptabfallshredder | Glaszerkleinerer | Ballenpresse | Dosenpresse | Pulper | Vakuumtrichter | Vakuumtrichter | Vakuumtrichter | Vakuumtoilette
Schredder | Decanter | Pulper | Nasszellen
Abfallsilo | Hochleistungspulper
Filter | Trockner / Sterilisator | Nassmüllsilos | Vakuumpumpe | Membranstraßen | Bioreaktor
Altöl | Prozesseinheit
Verbrennungsofen | Presse | Nassmüllbehälter
Automatische Verpackungseinheit
Öl-Wasser-Seperator | Aschecontainer
Aschecontainer

1 Zur viel zitierten Nachhaltigkeit gehört auch ein ausgeklügeltes Konzept zur Entsorgung von Abfällen aller Art an Bord.
2 3 Serienfertigung schlüsselfertiger Kabinen sorgt für erhebliche Zeit- und Geldersparnis beim Bau moderner Kreuzfahrtschiffe.
4 Vor 25 Jahren galt der Magrodome als Ei des Columbus. Mit ihm ließ sich der Innenpool zum Außenpool machen. Heute sind Schiffe so groß, dass beides Platz findet.

Der Inhalt der Ballasttanks darf heute nicht mehr unbehandelt entsorgt werden, da es eine Gefahr für das Meeresleben bedeutet, wenn aus einem Teil der Erde stammende mikrobiologische Elemente in Meereszonen mit anderen Lebensbedingungen gepumpt werden.

Es kommt immer häufiger vor, dass man ein Schiff beim Einlaufen in einen Hafen an das elektrische System an Land anschließt, so dass der Strom nicht mehr vom Schiff selbst generiert werden muss. Dies dient der Reduzierung von Abgasen. Die Landstromversorgung wird auch „cold ironing" genannt.

Die HOMERIC von 1986 wies eine Gesamt-Bettenkapazität von 1.132 auf, und die Maschinen verbrauchten 120 Tonnen Treibstoff täglich, wenn das Schiff bei voller Betriebsgeschwindigkeit von 19 Knoten fuhr. Der Verbrauch pro Passagier lag damit bei 0,106 Tonnen pro Tag. Auf der AIDASOL von 2011 beläuft sich die entsprechende Zahl auf 0,056 Tonnen, und dies sogar bei einer etwas höheren Geschwindigkeit.

KOMFORT

Heutzutage ist es für Kreuzfahrtpassagiere fast unvorstellbar, nicht mit ihren Freunden oder ihrer Firma kommunizieren zu können. Daher ist eine effektive Kommunikation unverzichtbar. Ein Internet-Center ist auf den modernen Kreuzfahrtschiffen somit ein absolutes Muss und bringt der Reederei obendrein zusätzlichen Umsatz. Mobiltelefone funktionieren dank Satellitentechnik ebenfalls. Wer 1986 mit der HOMERIC in See stach, ließ praktisch alles zurück. Nur in Notfällen konnten Telefongespräche über den Schiffsfunker angemeldet werden.

Mit dem AIS-System können Passagiere die Strecke des Schiffes nachverfolgen, also in der Kabine den Standort des Schiffes, seinen Kurs und seine Geschwindigkeit abrufen. Sogar die Verwandten daheim sind in der Lage, mit den entsprechenden Programmen oder sogar mit einer „App" auf einem iPhone dem Schiff zu folgen.

Schon die HOMERIC besaß ein „Magrodome"-Glasschiebedach über einem der Sonnendecks, das in tropischen Gefilden ein offenes Deck ermöglichte, aber beispielsweise bei Kreuzfahrten in Alaska geschlossen werden konnte. Heutzutage sind Kreuzfahrtschiffe größer, so dass es eine Vielzahl von Swimmingpool-Bereichen gibt.

Aufzüge sind heute längst keine geschlossenen Kästen mehr, die einfach von Deck zu Deck fahren. Sie sind mit Glasfronten versehen, die den Blick zur Außenseite des Schiffes oder ins Atrium öffnen.

Dank einer Konstruktion, bei der sich die tragenden Elemente hinter dem Glasbereich befinden, sind große Panoramafenster ermöglicht worden. Das gilt auch für die Balkone, die heute unverzichtbar sind und mit denen die meisten Kabinen ausgestattet sind. Anfangs waren die Balkone Teil der Konstruktion, heute hängen sie quasi an ihr dran.

Heutzutage haben große Kreuzfahrtschiffe Einkaufspassagen, die sich wie ein riesiges Atrium quer durch das Schiff erstrecken. Bummelt man durch die Einkaufsbereiche, so stößt man auf öffentliche Bereiche und Veranstaltungen, als liefe man durch eine Fußgängerzone. Diese Bauart wurde teilweise kritisiert, weil dadurch die Schiffe nach innen orientiert seien und viele Passagiere lieber die vorbeiziehende Szenerie der Meere und Inseln genießen wollen.

Mit der AIDAblu lieferte die Meyer Werft das erste Kreuzfahrtschiff mit eigener Brauerei. Aber schon vorher wurden Getränke zentral in großen Behältern gelagert und die Schiffsbars über Rohrleitungen versorgt.

Der moderne Mensch ist aktiv, und der Spa-Trend spiegelt sich auch an Bord wider. So verfügen Kreuzfahrtschiffe nun auch über umfassende Sportbereiche – neben dem Shuffleboard als einem Überbleibsel aus den Zeiten der alten Tagesfahrten gibt es auch Minigolf und Kletterwände.

Im Jahre 1986 verfügten Kreuzfahrtschiffe nur über einen einzigen Speisesaal, und in dem hatte man an einem bestimmten, für alle sieben Tage der Woche zugewiesenen Tisch zu essen – immer in der Hoffnung, nette Tischnachbarn zu haben. Heute gibt es Speisesäle in einer solchen Vielfalt, dass man während einer einwöchigen Kreuzfahrt nicht einmal alle

1 Gläserne Fahrstühle machen
den Weg durchs Schiff zum Erlebnis.
2 Cabanas als neuester Trend bieten
ein wenig Privatsphäre an Deck.
(Hier auf der CELEBRITY SILHOUETTE)

ausprobieren kann. Das gilt auch für die Bars und Diskotheken. Dies alles entstand nicht auf einmal – mit jedem neuen Kreuzfahrtschiff scheint zumindest eine Neuheit eingeführt zu werden. Am Zeichenbrett in Papenburg, wie natürlich auch auf anderen Kreuzfahrtwerften der Welt, werden jetzt die ersten Entwürfe für etwas angefertigt, was in einigen Jahren ein „Erstmals auf See" werden wird.

In diesem Entwicklungsprozess sind Kreuzfahrtschiffe zu so etwas wie schwimmenden Industrien geworden. Der neueste Trend: Sie mieten sich Ihre eigene „Cabana", ein kleines Zelt auf dem Sonnendeck, das Ihnen etwas Privatsphäre gewährt. Ebenso entsteht eine neue Art von Expeditions-Kreuzfahrtschiffen, allerdings in kleinerem Maßstab, bei denen die Betonung eher auf Luxus als auf „Masse" liegt. Die Fahrpreise sind entsprechend.

Innenarchitekten waren vorwiegend in Europa zu finden, wo die Werftenindustrie angesiedelt ist. Inzwischen aber entstehen mehr und mehr Büros, da man für die großen Passagierschiffe mehr als nur einen engagierten Innenarchitekten benötigt. Bei Royal Caribbean ist sogar ein hauseigener Architekt nichts Ungewöhnliches mehr. Da im Endeffekt Ertrag nichts weiter als die Folge von Sachkenntnis und Kundenzufriedenheit ist, haben sich europäische Werften bislang im Wettbewerb gegen asiatische Werften durchgesetzt. Denn letzten Endes ist ein Kreuzfahrtschiff viel, viel mehr als nur ein Stück Stahl: Es ist eine schwimmende Fabrik, ein schwimmendes Hotel, eine schwimmende Ansammlung von Restaurants und ein schwimmender Vergnügungsort. Die Passagiere scheinen das alles zu lieben – die Schiffswerften, so vermuten wir, ebenfalls.

FLUSSKREUZFAHRER AUS ROSTOCK

In den vorangegangenen Kapiteln haben wir gesehen, dass es in der jüngeren Geschichte der Meyer Werft wiederholt – unterschiedlich motivierte – Bestrebungen gab, einen zweiten Standort neben Papenburg zu etablieren. Die Werft erhielt 1997 dann tatsächlich ein Schwesterunternehmen an der Ostsee.

Die heutige Neptun Werft in Rostock-Warnemünde geht auf ein 1850 gegründetes Unternehmen zurück, das sich mit anderen zur „Actien-Gesellschaft Neptun, Schiffswerft und Maschinenfabrik" zusammenschloss. Bereits das erste Schiff der damals noch im Zentrum Rostocks beherbergten Werft kam einer kleinen Sensation gleich: Die ERZHERZOG FRIEDRICH FRANZ war 1851 der erste durch Schrauben angetriebene Dampfer Deutschlands.

Über die Jahrzehnte erlebte das Unternehmen wechselvolle Zeiten. Nach dem Zweiten Weltkrieg wurde es in das Kombinat Schiffbau eingegliedert. Die Werften galten als Vorzeigeindustrie der DDR, da mit ihnen auch westliche Devisen erwirtschaftet werden konnten. So verwundert es nicht, dass der VEB Schiffswerft Neptun in diesen Jahren kontinuierlich erweitert wurde und zur Zeit des Mauerfalls nicht nur ein riesiges Areal am Standort Rostock umfasste, sondern auch Arbeitgeber für ca. 7.000 Menschen war.

Der tiefe Fall kam, wie für viele Industriebetriebe der ehemaligen DDR, nach der Wende. Die DDR war – nach westlichen Maßstäben – ein Billiglohnland, dessen Unternehmen nun zur Anpassung an die freie Marktwirtschaft „gesundgeschrumpft" wurden. Die unmittelbare Konsequenz waren Massenentlassungen. Die Neptun Werft traf es dabei besonders hart, da EU-Regulierungen ihr jeglichen Neubau von Seeschiffen untersagten. Was von dem Unternehmen übrig blieb, engagierte sich in Schiffsreparaturen, dem Stahlsektionsbau, der Fertigung von Lukendeckeln, Brückenbauteilen und Yachtzubehör. Über die Treuhandgesellschaft gelangte die Neptun Werft unter das Dach des Bremer Vulkan.

Damit endete das Leiden der Rostocker Schiffbauer allerdings nicht, denn der Bremer Vulkan meldete bekanntlich 1996 Konkurs an, und so suchte die Bundesrepublik bald abermals einen Investor.

Als solcher erschien 1997 Bernard Meyer, und die Meyer Werft übernahm die Neptun Industrie mit den Unternehmensteilen Neptun Stahlobjektbau und Neptun Reparaturwerft. Zusammengefasst bildeten sie zunächst die Neptun Stahlbau GmbH, die sich 2006 offiziell in Neptun Werft umbenannte.

Obgleich in Rostock zunächst keine Seeschiffe mehr gebaut werden durften, bot sich die Investition in die Neptun Werft für die Papenburger

---

1 Familientreffen in Eemshaven: Auf ihrer Überführungsfahrt zum Rhein traf die A-ROSA AQUA auf die CELEBRITY EQUINOX, die sich in der Endausrüstung befand.

an, bot sie doch das Potenzial zur Ergänzung der eigenen Tätigkeiten. Wie in den vorherigen Kapiteln erläutert, musste die Meyer Werft bereits Mitte der 90er Jahre stahlbauliche Tätigkeiten auslagern, da die eigenen Kapazitäten erschöpft waren. Da die Neptun Werft nach der Wende auf eben diese Art Zulieferungen spezialisiert worden war, bestand fortan die Möglichkeit, Stahlsektionen im eigenen Unternehmen einzukaufen. Auch hatte die Meyer Werft mit zunehmender Auslastung im Neubaubereich die Schiffsreparatur weitgehend reduziert. Interessenten konnten nun an das Schwesterunternehmen an der Ostsee verwiesen werden.

Den härtesten Teil der Anpassung hatte die Neptun Werft bereits hinter sich, als die Meyer Werft das Unternehmen übernahm. Nun galt es, den Bestand zu schützen und, wenn man künftig erfolgreich wirtschaften wollte, kräftig zu investieren.

Im Zuge dieser Restrukturierung wurde 2000 der Standort im Zentrum von Rostock aufgegeben und die Tätigkeit in Warnemünde zusammengefasst. Hier investierte man rund 25 Millionen Euro, um die Neptun Werft zu einer modernen und leistungsfähigen Kompaktwerft nach dem Papenburger Vorbild auszubauen.

Mit einer heutigen Belegschaft von ca. 450 Mitarbeitern ist die Neptun Werft nicht mehr vergleichbar mit dem einstigen DDR-Unternehmen. Dafür aber ist die Zahl der Mitarbeiter seit Jahren konstant, und es wird viel für die Ausbildung getan.

Das Verbot für den Bau von Seeschiffen fiel 2001. Zu diesem Zeitpunkt hatte man sich aber in Rostock bereits in eine ganz andere Richtung orientiert und lieferte im Folgejahr die ersten beiden Einheiten einer Gattung ab, in der sich die Neptun Werft bald einen Namen machen sollte: Flusskreuzfahrtschiffe.

Auftraggeber war seinerzeit die Firma Seetours, die ursprünglich auch die ersten drei AIDA-Schiffe betrieb. Mit den ersten beiden Flusskreuzfahrtschiffen aus Rostock plante man, das zwanglose Clubschiff-Konzept – für ein etwas gesetzteres Publikum – auch für diesen Tourismuszweig umzusetzen. Als Resultat stellte man 2002 die ersten beiden Schiffe, A-ROSA BELLA und A-ROSA DONNA, vor.

1 Die A-ROSA BELLA war das erste Flusskreuzfahrtschiff der Neptun Werft.

1 In fröhlichen Farben präsentiert sich das Foyer der A-ROSA-Schiffe.
2 Nach Papenburger Vorbild wird seit 2003 auch auf der Neptun Werft in überdachten Hallen gebaut.
3 Ausdocken der A-ROSA STELLA mit Hilfe der Luftkissen-Verschiebeanlage.
4 Ein TwinCruiser für Avalon Waterways verlässt die Bauhalle und wird mit der Absenkvorrichtung aus Beton dem Wasser übergeben.

Nachdem AIDA Cruises Teil der Carnival-Gruppe geworden war, wo man kein Interesse an den Flussreisen hatte, gingen die beiden Unternehmensteile bald getrennte Wege. Heute werden die Flusskreuzfahrer durch die A-Rosa Flussschiff GmbH betrieben. Der Kussmund am Bug zeugt allerdings heute noch von den gemeinsamen Wurzeln der A-Rosa- und AIDA-Schiffe. Den beiden ersten Neubauten folgten 2003 und 2004 die Schwesterschiffe A-ROSA MIA und A-ROSA RIVA. In den Abmessungen waren alle vier Schiffe für den Einsatz auf der schönen blauen Donau konzipiert. 242 Passagieren wurde hier gediegener Komfort geboten.

Gerade Freunde von Hochsee-Kreuzfahrtschiffen dürften überrascht sein, was Flusskreuzfahrer trotz ihrer eingeschränkten Platzverhältnisse alles zu bieten haben. Einerseits liegt dies natürlich an der relativ geringen Passagierzahl. Andererseits ist zu erwähnen, dass fast die Hälfte der Kabinen sogar mit einem französischen Balkon ausgestattet ist.

Darüber hinaus hatte das A-Rosa-Quartett seinen Gästen nicht nur einen Wellness-Bereich mit zwei Saunen und Fitnessraum zu bieten,

sondern auch einen Bereich für Decksspiele, auf dem selbst ein Golfrasen nicht fehlte. Zwei Lounges mit Bar, ein Café sowie das Buffetrestaurant nach Art der Clubschiffe rundeten das Borderlebnis für die Gäste ab.

Nach oben aus dem Schiff ragende Teile der Aufbauten – wie zum Beispiel die Brücke – konnten zur Unterquerung flacher Brücken bei Bedarf abgesenkt werden.

A-ROSA BELLA und A-ROSA DONNA wurden noch unter freiem Himmel im Schwimmdock der Neptun Werft gebaut. Da man dieses allerdings auch weiterhin für Reparaturaufträge nutzen wollte – und selbstverständlich nach den positiven Erfahrung mit der überdachten Fertigung in Papenburg –, investierte man in die Errichtung zweier Schiffbauhallen. Anders als auf der Werft an der Ems befinden sich darin allerdings keine Trockendocks, so dass hier gefertigte Sektionen und auch ganze Flusskreuzfahrtschiffe mit Hilfe einer Luftkissen-Verschiebeanlage die Halle verlassen.

1 Während die Meyer Werft sich auf den Bau der AIDADIVA vorbereitete, erhielt die 1996 gebaute AIDACARA bei der Neptun Werft eine Schönheitskur.
2 TwinCruiser wie die BELLEVUE sind für den Einsatz auf Rhein, Main und Mosel vorgesehen.

Um die Schiffe ins Wasser zu bringen, verwendete man zunächst das vorhandene Schwimmdock, auf das man sie verschob. 2006 wurde eine spezielle Absenkvorrichtung aus Beton in Betrieb genommen.

Den vier A-Rosa-Schiffen gemein war, dass ihre Breite von 14,4 Metern eine Überführung zur Donau durch die vorhandenen Wasserstraßen verhinderte. Der einzige Wasserweg hätte um Europa herum und durch das Mittelmeer geführt, und dies war beileibe keine Strecke, die sich mit einem flach gehenden Flusskreuzfahrtschiff bestreiten lässt. Alle vier Einheiten wurden folglich auf Spezialschiffen zur Donaumündung am Schwarzen Meer verladen.

Als Ende 2004 die Meyer Werft von AIDA Cruises den Auftrag zum Bau der ersten zwei Einheiten der Sphinx-Klasse erhielt, wurde das Lächeln der Clubschiffe auch für die Neptun Werft aktuell.

Die Rostocker Schiffbauer erhielten den Auftrag, das Make-up der AIDACARA gründlich aufzufrischen. Als die Urmutter aller AIDAS 1996 in Finnland gebaut worden war, gehörten Balkons noch nicht zum Standard von Kreuzfahrtschiffen. Bei der geplanten Ausstattung der neuen Schiffe galt es dennoch, die AIDACARA dem Rest der Flotte ein wenig anzupassen. So wurden 44 Kabinen mit Balkons nachgerüstet, die außen an die Bordwand geschweißt wurden. Um sichere Navigation im Hafen und stets freie Sicht entlang des Schiffes auch danach zu ermöglichen, erhielt die Brücke auf jeder Seite eine bewegliche Plattform, die bei Bedarf 1,80 Meter weit ausgefahren werden konnte.

Bei der Renovierung der AIDACARA handelte es sich gleichzeitig um den letzten größeren Reparaturauftrag der Neptun Werft. Als zu unwägbar hatte sich dieser Geschäftszweig erwiesen, so dass man sich fortan auf

2

den bewährten Kernbereich der Flusskreuzfahrtschiffe und Stahlsektionen konzentrierte.

Die Entwicklung gab Anlass zur Freude, denn unmittelbar nach der ersten Serie konnte man 2005 zwei weitere Schiffe für die A-Rosa-Flotte abliefern, die A-ROSA STELLA und A-ROSA LUNA. Für den Einsatz auf den französischen Flüssen Saône und Rhône konzipiert, waren die beiden Schwesterschiffe drei Meter schmaler als die vorherigen Neubauten. Dennoch boten sie ihren 172 Passagieren einen hohen Anteil an Kabinen mit sogenanntem französischen Balkon.

Zur selben Zeit konnte mit der Münchener Firma Premicon ein weiterer, besonders vielfältiger Kunde gewonnen werden. Das 1998 gegründete Unternehmen tritt in erster Linie als Reederei auf, die Hochsee- wie auch Flussschiffe an andere Reiseveranstalter verchartert.

Zusammen mit der Neptun Werft entwickelte Premicon das innovative Konzept des TwinCruisers, eines Kreuzfahrtschiffes, das die volle auf Flüssen zulässige Länge von 135 Metern ausnutzt und dabei gleichzeitig extrem laufruhig und gut manövrierbar ist. Erreicht wurde dies durch die Loslösung des 110 Meter langen Passagierbereichs vom deutlich kürzeren Achterschiff, in dem sich die Antriebsanlage und die Besatzungsunterkünfte befinden.

Beide Schiffsteile sind dabei nur über eine Kupplung miteinander verbunden, so dass Lärm und Vibrationen der Maschinen von den Passagierbereichen weitgehend getrennt sind.

Nach den positiven Erfahrungen mit der Verwendung vorgefertigter Kabinen beim Bau von Hochseeschiffen in Papenburg machte man sich dieses Wissen auch bei der Schwesterwerft an der Ostsee zunutze. Das

Grundkonzept der TwinCruiser ist so aufgebaut, dass Kabinen unterschiedlicher Größen auf dem Schiffskörper verankert werden können – ähnlich wie Container auf einem Frachtschiff. Auf Wünsche der charternden Reiseveranstalter kann so flexibel und individuell eingegangen werden. Und so erklären sich auch – bei ansonsten identischen Abmessungen – die deutlich unterschiedlichen Passagierkapazitäten der bisher sechs gebauten TwinCruiser.

Den Auftakt zu der Serie bildete 2005 die an Nicko Tours vercharterte FLAMENCO, die – wie ihre Schwesterschiffe – in den Abmessungen für einen Betrieb auf Rhein, Main und Mosel ausgelegt wurde. In der Seitenansicht deutlich erkennbar war die achterlich gelegene Antriebssektion. Davor ragte die einfahrbare Brücke aus den Aufbauten.

Mittschiffs lagen die Passagierunterkünfte. Der geradlinige Aufbau dieses Bereiches lässt unschwer erkennen, dass es sich dabei um besagte vorgefertigte Einheiten handelte.

Der vordere Teil des Schiffes war komplett verglast. Hier lagen die lichtdurchfluteten Gesellschaftsräume.

In den beiden Folgejahren wurden die TwinCruiser AVALON TAPESTRY, AVALON TRANQUILITY und AVALON IMAGERY für den Reiseveranstalter Avalon Waterways abgeliefert sowie 2006 die BELLEVUE für Transocean Tours. Die BELLEVUE hatte dabei mit 201 Betten die höchste Passagierkapazität.

Ganz auf das Luxussegment ausgerichtet war die 2008 ausgelieferte PREMICON QUEEN, die damit vorerst Höhepunkt und Abschluss der Serie von TwinCruisern darstellt. Mit nur 106 Passagieren bot sie dem einzelnen Reisenden fast doppelt so viel Platz wie die BELLEVUE und die FLAMENCO und erreichte damit die Auszeichnung fünf Sterne.

Die Passagierunterkünfte der PREMICON QUEEN – durchweg als Suiten bezeichnet – reichen von 18 m² Fläche bis hin zu den 30 m² großen Queen-Suiten. Diese bieten getrennte Wohn- und Schlafbereiche sowie marmorverkleidete Badezimmer mit Doppelwaschbecken, Dusche und Badewanne.

Ähnlich luxuriös ist auch die Ausstattung der Gesellschaftsräume, wobei das Highlight hier die verglaste Panorama-Lounge mit sogenanntem Theatron ist, einer gestuften Anordnung der Sitzplätze, so dass dieser Raum am Abend für künstlerische Vorführungen aller Art genutzt werden kann. Parallel zum Bau von Flusskreuzfahrtschiffen ging auch der Sektionsbau in Rostock voran. Vielfach wurden dabei ganze Rumpfsektionen für die

1 Die Brücke kann zum Durchfahren flacher Brücken abgesenkt werden.
2 Sonnendeck der FLAMENCO.
3 **4** Lounge mit Bar.
5 Standardkabine an Bord der FLAMENCO.

Innenansichten der besonders luxuriösen
PREMICON QUEEN: Lobby **1**, Theatron **2** und Queen-Suite **3**.

FLUSSKREUZFAHRTSCHIFFE DER NEPTUN WERFT

Kunde	Bau-Nr.	Passagier-zahl	Länge	Ablieferungs-datum
A-Rosa Flussschiff GmbH				
A-ROSA BELLA	S. 501	242	124,5 m	2002
A-ROSA DONNA	S. 502	242	124,5 m	2002
A-ROSA MIA	S. 503	242	124,5 m	2003
A-ROSA RIVA	S. 504	242	124,5 m	2004
A-ROSA LUNA	S. 511	172	125,8 m	2005
A-ROSA STELLA	S. 512	172	125,8 m	2005
A-ROSA AQUA	S. 514	202	135,0 m	2009
A-ROSA VIVA	S. 515	202	135,0 m	2010
A-ROSA BRAVA	S. 516	202	135,0 m	2011
A-ROSA SILVA	S. 519	186	135,0 m	2012
A-ROSA N.N.	S. 520	186	135,0 m	2013
Premicon AG				
FLAMENCO	S. 505	196	135,0 m	2005
AVALON TAPESTRY	S. 506	164	135,0 m	2006
BELLEVUE	S. 507	201	135,0 m	2006
AVALON TRANQUILITY	S. 508	170	135,0 m	2007
AVALON IMAGERY	S. 509	170	135,0 m	2007
PREMICON QUEEN	S. 510	106	135,0 m	2008
Viking River Cruises				
VIKING PRESTIGE	S. 521	190	134,9 m	2011
VIKING NJORD	S. 522	190	134,9 m	2012
VIKING FREIJA	S. 523	190	134,9 m	2012
VIKING ODIN	S. 524	190	134,9 m	2012
VIKING EMBLA	S. 525	190	134,9 m	2012
VIKING AEGIR	S. 526	190	134,9 m	2012
VIKING SKADI	S. 527	190	134,9 m	2013
VIKING BRAGI	S. 528	190	134,9 m	2013

Meyer Werft gefertigt, die diese bei ihrem Schwesterunternehmen einkaufte. Die Papenburger Schiffbauer waren froh um die Entlastung.

Nach der feierlichen Kiellegung für die AIDADIVA im März 2006 wurde beispielsweise das Baudock der Meyer Werft bald schon geflutet, so dass eine bei Neptun gebaute Sektion eingeschwommen werden konnte. Üblicherweise erfolgt der Transport dieser Sektionen auf dem Wasserwege durch den Nord-Ostsee-Kanal und die Nordsee zur Ems.

Doch nicht nur Teile für Kreuzfahrtschiffe werden an der Warnow vorgefertigt und vorausgerüstet. Auch in der Zulieferung von großen Sektionen und Tanks für Flüssiggastanker trägt die Neptun Werft einen nicht zu vernachlässigenden Anteil.

Nach der erfolgreichen Ablieferung der TwinCruiser folgten ab 2009 in Jahresabständen drei weitere, nach klassischem Vorbild aufgebaute Flusskreuzer für A-Rosa. Mit einer Länge von 135 Metern waren sie ebenfalls für das Fahrtgebiet Rhein-Main-Mosel vorgesehen. 202 Gäste finden hier gemütlichen Komfort.

Die Ausstattung von A-ROSA AQUA, A-ROSA VIVA und A-ROSA BRAVA orientierte sich dabei an den bewährten Clubschiff-Merkmalen der zuvor an die Reederei gelieferten Einheiten.

Lediglich die Überführung ins spätere Fahrtgebiet war für die drei Neubauten einfacher als für die Donau-Schiffe. Durch den Nord-Ostsee-Kanal konnten sie aus eigener Kraft an den Rhein fahren. Allerdings nicht ohne einen Zwischenstopp in Delfzijl, wo sich die Gelegenheit zu einem „Familienfoto" mit der Celebrity Equinox ergab, die sich dort in ihrer Endausstattung befand.

2010 konnte mit Viking River Cruises ein weiterer Großkunde gewonnen werden, der weltweit agiert. Das erste Schiff für diese Reederei, die VIKING PRESTIGE, kam 2011 in Fahrt und war für die Neptun Werft der erste Flusskreuzer mit dieselelektrischem Antrieb.

Anlässlich der feierlichen Kiellegung am 23. November 2010 kündigte Viking River Cruise die Bestellung weiterer vier Schiffe an. Aufträge für noch einmal vier Flusskreuzer für Viking folgten bis zum Sommer 2011. Wie entscheidend wichtig diese Aufträge für die Neptun Werft und auch

1 Marktrestaurant der A-ROSA AQUA.

1 Als erstes Schiff für Viking River Cruise lieferte die Neptun Werft 2011 die VIKING PRESTIGE. Acht weitere Schiffe für Viking und zwei für A-Rosa folgen.
2 Die Zukunft: 2015 wird die Neptun Werft das Forschungsschiff SONNE abliefern.

die Region sind, lässt sich daran ablesen, dass auch der Staatssekretär im Ministerium für Wirtschaft, Arbeit und Tourismus in Mecklenburg-Vorpommern, Rüdiger Möller, an der Veranstaltung teilnahm. Zwischenzeitlich hat sich der Auftragsbestand gar auf acht Schiffe für Viking erhöht. Die Neptun Werft hat sich in knapp anderthalb Jahrzehnten vom Überbleibsel einer einstigen Staatswerft zu einer Kompaktwerft mit modernen Fertigungsmethoden und großer Flexibilität entwickelt, die im harten Wettbewerb unserer Zeit besteht und mittlerweile zu den führenden Anbietern im Bau von Flusskreuzfahrtschiffen zählt. Der erfolgreiche Neustart ist weitgehend der Unterstützung durch die Meyer Werft zu verdanken.

Und auch Seeschiffe werden inzwischen auf der Neptun Werft wieder gebaut: Gleich zwei Aufträge konnten 2011 hereingenommen werden. Dabei handelt es sich zum einen um die Doppelendfähre SCHLESWIG-HOLSTEIN für die Wyker Dampfschiffs-Reederei – eine Schiffsgattung, die einst die Meyer Werft ebenfalls mit großem Erfolg gebaut hatte. Zum anderen folgte der Auftrag für das Tiefseeforschungsschiff SONNE für die öffentliche Hand, das 2015 das schon recht betagte Schiff gleichen Namens für weltweite Einsätze in der Meeresforschung ablösen soll.

KREUZFAHRTSCHIFFE DER MEYER WERFT AUF EINEN BLICK

Die folgende Darstellung ist eine Auflistung aller Kreuzfahrtschiffe[1] der Meyer Werft in chronologischer Reihenfolge nach Datum der Übergabe an den Eigner.

Die angegebenen Daten beziehen sich dabei jeweils auf den Status bei Übergabe und ziehen nicht spätere Umbauten, Umbenennungen oder einen Verkauf in Betracht. Eine Ausnahme wurde bei der WESTERDAM (vormals HOMERIC) gemacht angesichts des Sonderfalles, dass dieses Schiff auf der Meyer Werft umgebaut wurde.

Des Weiteren gilt die Angabe der Breite stets auf Spanten (also ohne z. B. Brückennocken oder überstehende Oberdecks). Die Passagierzahlen sind bei Belegung nur der „Unterbetten" (lower berth) angegeben. Die maximale Passagierkapazität weicht in der Regel nach oben ab.

Auf eine detaillierte Darstellung des Lebenslaufs eines jeden einzelnen Schiffes wurde verzichtet. Angegeben sind lediglich schiffbaulich bedeutende Stationen, Eigner- und Namenswechsel.

---

[1] Redaktionsschluss dieses Kapitels war der 01.10.2011. Alle Angaben, die sich auf Ereignisse nach diesem Datum beziehen, beruhen auf der jeweils aktuellen Planung. Ebenfalls aufgeführt sind die beiden Fähren SILJA EUROPA und PONT-AVEN, die streng genommen nicht ganz in den Rahmen dieses Buches fallen, aber aufgrund ihrer Bezeichnung als „Kreuzfahrtfähren" hier dennoch Erwähnung finden sollen.

■ HOMERIC

WESTERDAM (ab 1988)
COSTA EUROPA (ab 2002)
THOMSON DREAM (ab 2010)
Baunummer S. 610
IMO 8407735

Auftraggeber:	Home Lines
Vermessung:	42.092 BRZ
Länge ü. a.:	204,00 m
Breite:	29,00 m
Tiefgang:	7,22 m
Maschinen:	2 x M.A.N. B&W à 11.912 kW
Schrauben:	2 Festpropeller
Geschwindigkeit:	22,5 kn (max. 23 kn)
Passagierzahl:	1.132
Besatzung:	468
Heimathafen:	Panama
Auftrag:	26.04.1984
Kiellegung:	29.08.1984
Stapellauf:	28.09.1985
Ablieferung:	06.05.1986

Besonderheiten

■ Größtes bis dahin in Deutschland gebautes Kreuzfahrtschiff.
■ Größtes Passagierschiff, das quer vom Stapel gelassen wurde.
■ Schiff des Jahres 1986.

Stationen

27.11.1988: an Holland America Line, Seattle, als WESTERDAM
30.10.1989: Rückkehr zur Meyer Werft zur Verlängerung
12.03.1990: Ablieferung nach Umbau

Vermessung:	53.872 BRZ
Länge ü. a.:	243,20 m
Breite:	29,00 m
Passagierzahl:	1.494
Besatzung:	642
Heimathafen:	Nassau

■ CROWN ODYSSEY

NORWEGIAN CROWN (ab 1996)
CROWN ODDYSSEY (ab 2000)
NORWEGIAN CROWN (ab 2007)
BALMORAL (ab 1988)
Baunummer S. 616
IMO 8506294

Auftraggeber:	Royal Cruise Line
Vermessung:	34.242 BRZ
Länge ü. a.:	187,71 m
Breite:	28,21 m
Tiefgang:	6,92 m
Maschinen:	2 x MaK 8 M 601 à 8.000 kW
	2 x MaK 6 M 35 à 2.650 kW
Schrauben:	2 Festpropeller
Geschwindigkeit:	22,3 kn
Passagierzahl:	1.209
Besatzung:	443
Heimathafen:	Piräus
Auftrag:	28.04.1985
Kiellegung:	30.04.1987
Ausdocken:	01.11.1987
Ablieferung:	02.06.1988

■ HORIZON

ISLAND STAR (ab 2005)
PACIFIC DREAM (ab 2009)
L'HORIZON (ab 2011)
Baunummer S. 619
IMO 8807088

Auftraggeber:	Celebrity Cruises
Vermessung:	46.811 BRZ
Länge ü. a.:	207,59 m
Breite:	29,00 m
Tiefgang:	7,20 m
Maschinen:	2 x M.A.N. B&W 9L40/54 à 5.994 kW
	2 x M.A.N. B&W 6L40/54 à 3.996 kW
Schrauben:	2 Verstellpropeller
Geschwindigkeit:	21,4 kn
Passagierzahl:	1.354
Besatzung:	642
Heimathafen:	Monrovia
Auftrag:	28.04.1988
Kiellegung:	22.08.1988
Ausdocken:	19.11.1989
Ablieferung:	30.04.1990

■ ZENITH

Baunummer S. 620
IMO 8918136

Auftraggeber:	Celebrity Cruises
Vermessung:	47.255 BRZ
Länge ü. a.:	207,59 m
Breite:	29,00 m
Tiefgang:	7,20 m
Maschinen:	2 x M.A.N. B&W 9L40/54 à 5.994 kW
	2 x M.A.N. B&W 6L40/54 à 3.996 kW
Schrauben:	2 Verstellpropeller
Geschwindigkeit:	21,5 kn
Passagierzahl:	1.374
Besatzung:	657
Heimathafen:	Monrovia
Auftrag:	06.09.1989
Kiellegung:	11.04.1990
Ausdocken:	15.02.1992
Ablieferung:	02.03.1992

■ EUROPA / SILJA EUROPA

Baunummer S. 627
IMO 8919805

Auftraggeber:	Rederi A/B Slite
Vermessung:	59.914 BRZ
Länge ü. a.:	201,78 m
Breite:	32,00 m
Tiefgang:	6,80 m
Maschinen:	4 x M.A.N. B&W 6L58/64 à 7.950 kW
Schrauben:	2 Verstellpropeller
Geschwindigkeit:	23 kn
Passagierzahl:	2.746
Besatzung:	300
Heimathafen:	Mariehamn
Auftrag:	06.10.1989
Kiellegung:	06.12.1991
Ausdocken:	23.01.1993
Ablieferung:	06.03.1993

Besonderheiten

- Auftraggeber meldete vor Ablieferung Konkurs an, Übernahme des Schiffes durch Silja Line, Mariehamn, in Charter.
- Größtes bis dahin in Deutschland gebautes Passagierschiff.
- Seinerzeit größtes Fährschiff der Welt.
- Schiff des Jahres 1993.

■ ORIANA

Baunummer S. 636
IMO 9050137

Auftraggeber:	P&O Cruises
Vermessung:	69.153 BRZ
Länge ü. a.:	260,00 m
Breite:	32,20 m
Tiefgang:	8,20 m
Maschinen:	2 x M.A.N. B&W 9L58/64 à 11.925 kW
	2 x M.A.N. B&W 6L58/64 à 7.950 kW
Schrauben:	2 Verstellpropeller
Geschwindigkeit:	24 kn
Passagierzahl:	1.760
Besatzung:	760
Heimathafen:	London
Auftrag:	14.12.1991
Kiellegung:	11.03.1993
Ausdocken:	30.06.1994
Ablieferung:	02.04.1995

Besonderheiten

- Größtes bis dahin in Deutschland gebautes Passagierschiff.

■ CENTURY

CELEBRITY CENTURY (ab 2008)
Baunummer S. 637
IMO 9072446

Auftraggeber:	Celebrity Cruises
Vermessung:	70.606 BRZ
Länge ü. a.:	248,52 m
Breite:	32,20 m
Tiefgang:	7,70 m
Maschinen:	2 x M.A.N. B&W 9L48/60 à 8.775 kW
	2 x M.A.N. B&W 6L48/60 à 5.850 kW
Schrauben:	2 Verstellpropeller
Geschwindigkeit:	21,5 kn
Passagierzahl:	1.778
Besatzung:	858
Heimathafen:	Monrovia
Auftrag:	17.03.1993
Kiellegung:	03.08.1994
Ausdocken:	02.10.1995
Ablieferung:	15.11.1995

Besonderheiten

- Größtes bis dahin in Deutschland gebautes Passagierschiff.
- Schiff des Jahres 1995.

■ GALAXY

CELEBRITY GALAXY (ab 2008)
MEIN SCHIFF (ab 2009)
MEIN SCHIFF 1 (ab 2010)
Baunummer S. 638
IMO 9106297

Auftraggeber:	Celebrity Cruises
Vermessung:	77.713 BRZ
Länge ü. a.:	263,90 m
Breite:	32,20 m
Tiefgang:	7,70 m
Maschinen:	2 x M.A.N. B&W 9L48/60 à 9.450 kW
	2 x M.A.N. B&W 6L48/60 à 6.300 kW
Schrauben:	2 Verstellpropeller
Geschwindigkeit:	21,5 kn
Passagierzahl:	1.896
Besatzung:	908
Heimathafen:	Monrovia
Auftrag:	11.03.1993
Kiellegung:	25.05.1995
Ausdocken:	14.09.1996
Ablieferung:	15.11.1996

Besonderheiten

- Größtes bis dahin in Deutschland gebautes Passagierschiff.

■ MERCURY

CELEBRITY MERCURY (ab 2008)
MEIN SCHIFF 2 (ab 2011)
Baunummer S. 639
IMO 9106302

Auftraggeber:	Celebrity Cruises
Vermessung:	77.713 BRZ
Länge ü. a.:	263,90 m
Breite:	32,20 m
Tiefgang:	7,70 m
Maschinen:	2 x M.A.N. B&W 9L48/60 à 9.450 kW
	2 x M.A.N. B&W 6L48/60 à 6.300 kW
Schrauben:	2 Verstellpropeller
Geschwindigkeit:	21,5 kn
Passagierzahl:	1.888
Besatzung:	909
Heimathafen:	Monrovia
Auftrag:	11.03.1993
Kiellegung:	29.05.1995
Ausdocken:	11.07.1997
Ablieferung:	15.10.1997

■ SUPERSTAR LEO

NORWEGIAN SPIRIT (ab 2004)
Baunummer S. 646
IMO 9141065

Auftraggeber:	Star Cruises
Vermessung:	76.800 BRZ
Länge ü. a.:	268,60 m
Breite:	32,20 m
Tiefgang:	7,90 m
Maschinen:	4 x M.A.N. B&W 14V48/60 à 14.700 kW
	2 x ABB-Elektromotoren à 20 MW
Schrauben:	2 Festpropeller
Geschwindigkeit:	24,0 kn (max. 25,2)
Passagierzahl:	1.964
Besatzung:	1.125
Heimathafen:	Panama
Auftrag:	22.11.1995
Kiellegung:	05.10.1996
Ausdocken:	11.07.1998
Ablieferung:	25.09.1998

Besonderheiten
■ Schiff des Jahres 1998.

■ SUPERSTAR VIRGO

Baunummer S. 647
IMO 9141077

Auftraggeber:	Star Cruises
Vermessung:	75.338 BRZ
Länge ü. a.:	268,60 m
Breite:	32,20 m
Tiefgang:	7,90 m
Maschinen:	4 x M.A.N. B&W 14V48/60 à 14.700 kW
	2 x ABB-Elektromotoren à 20 MW
Schrauben:	2 Festpropeller
Geschwindigkeit:	24,0 kn (max. 25,2)
Passagierzahl:	1.964
Besatzung:	1.125
Heimathafen:	Panama
Auftrag:	22.11.1995
Kiellegung:	26.07.1997
Ausdocken:	17.04.1999
Ablieferung:	02.08.1999

■ AURORA
Baunummer S. 640
IMO 9169524

Auftraggeber:	P&O Cruises
Vermessung:	76.152 BRZ
Länge ü. a.:	270,00 m
Breite:	32,20 m
Tiefgang:	7,90 m
Maschinen:	4 x M.A.N. B&W 14V48/60 à 14.700 kW
	2 x STN-Atlas-Elektromotoren à 20 MW
Schrauben:	2 Festpropeller
Geschwindigkeit:	24 kn (max. 25)
Passagierzahl:	1.874
Besatzung:	936
Heimathafen:	London
Auftrag:	08.04.1997
Kiellegung:	15.12.1998
Ausdocken:	05.01.2000
Ablieferung:	15.04.2000

■ RADIANCE OF THE SEAS
Baunummer S. 655
IMO 9195195

Auftraggeber:	Royal Caribbean Cruise Line
Vermessung:	90.090 BRZ
Länge ü. a.:	293,20 m
Breite:	32,20 m
Tiefgang:	8,15 m
Maschinen:	2 x General Electric LM2500
	Gasturbinen à 25 MW
Schrauben:	2 x ABB-Azipods à 19,5 MW
Geschwindigkeit:	24 kn (max. 24,7)
Passagierzahl:	2.100
Besatzung:	858
Heimathafen:	Monrovia
Auftrag:	09.04.1998
Kiellegung:	17.09.1999
Ausdocken:	14.10.2000
Ablieferung:	09.03.2001

Besonderheiten
- Größtes bis dahin in Deutschland gebautes Passagierschiff.
- Erstes Schiff der Meyer Werft mit Pod-Antrieb.
- Dieses Schiff war das erste, das rückwärts die Emsüberführung bestritt.
- Schiff des Jahres 2001.

■ NORWEGIAN STAR
Baunummer S. 648
IMO 9195157

Auftraggeber:	Norwegian Cruise Line
Vermessung:	91.470 BRZ
Länge ü. a.:	294,13 m
Breite:	32,20 m
Tiefgang:	8,20 m
Maschinen:	4 x M.A.N. B&W 14V48/60 à 14.700 kW
Schrauben:	2 x ABB-Azipods à 20 MW
Geschwindigkeit:	24,6 kn (max. 25)
Passagierzahl:	2.240
Besatzung:	1.100
Heimathafen:	Nassau
Auftrag:	09.03.1998
Kiellegung:	23.06.2000
Ausdocken:	15.06.2001
Ablieferung:	31.10.2001

Besonderheiten
- Ursprünglicher Bauauftrag von Star Cruises als SUPERSTAR LIBRA.
- Schiff wechselte während des Baus das Baudock.
- Größtes bis dahin in Deutschland gebautes Passagierschiff.

■ BRILLIANCE OF THE SEAS

Baunummer S. 656
IMO 9195200

Auftraggeber:	Royal Caribbean Cruise Line
Vermessung:	90.090 BRZ
Länge ü. a.:	293,20 m
Breite:	32,20 m
Tiefgang:	8,15 m
Maschinen:	2 x General Electric LM2500
	Gasturbinen à 25 MW
Schrauben:	2 x ABB-Azipods à 19,5 MW
Geschwindigkeit:	24 kn (max. 24,7)
Passagierzahl:	2.110
Besatzung:	858
Heimathafen:	Nassau
Auftrag:	09.04.1998
Kiellegung:	08.03.2001
Ausdocken:	31.05.2002
Ablieferung:	05.07.2002

■ NORWEGIAN DAWN

Baunummer S. 649
IMO 9195169

Auftraggeber:	Norwegian Cruise Line
Vermessung:	91.470 BRZ
Länge ü. a.:	294,13 m
Breite:	32,20 m
Tiefgang:	8,20 m
Maschinen:	4 x M.A.N. B&W 14V48/60 à 14.700 kW
Schrauben:	2 x ABB-Azipods à 19,5 MW
Geschwindigkeit:	25 kn
Passagierzahl:	2.224
Besatzung:	1.130
Heimathafen:	Nassau
Auftrag:	04.03.1998
Kiellegung:	01.09.2001
Ausdocken:	27.10.2002
Ablieferung:	03.12.2002

Besonderheiten
- Ursprünglicher Bauauftrag von Star Cruises als SUPERSTAR SCORPIO.
- Erste Emsüberführung nach Bau des Sperrwerks.

■ SERENADE OF THE SEAS

Baunummer S. 657
IMO 9228344

Auftraggeber:	Royal Caribbean Cruise Line
Vermessung:	90.090 BRZ
Länge ü. a.:	293,20 m
Breite:	32,20 m
Tiefgang:	8,15 m
Maschinen:	2 x General Electric LM2500
	Gasturbinen à 25 MW
Schrauben:	2 x ABB-Azipods à 19,5 MW
Geschwindigkeit:	24 kn (max. 25)
Passagierzahl:	2.110
Besatzung:	858
Heimathafen:	Nassau
Auftrag:	15.11.1999
Kiellegung:	18.02.2002
Ausdocken:	20.06.2003
Ablieferung:	30.07.2003

■ PONT-AVEN
Baunummer S. 650
IMO 9268708

Auftraggeber:	Brittany Ferries
Vermessung:	41.748 BRZ
Länge ü. a.:	184,30 m
Breite:	30,90 m
Tiefgang:	6,80 m
Maschinen:	4 x MaK 12 VM 43 à 10.800 kW
Schrauben:	2 Verstellpropeller
Geschwindigkeit:	27 kn
Passagierzahl:	2.400
Besatzung:	183
Heimathafen:	Morlaix
Auftrag:	05.06.2002
Kiellegung:	10.04.2003
Ausdocken:	13.09.2003
Ablieferung:	27.02.2004

■ JEWEL OF THE SEAS
Baunummer S. 658
IMO 9228356

Auftraggeber:	Royal Caribbean Cruise Line
Vermessung:	90.090 BRZ
Länge ü. a.:	293,20 m
Breite:	32,20 m
Tiefgang:	8,15 m
Maschinen:	2 x General Electric LM2500
	Gasturbinen à 25 MW
Schrauben:	2 x ABB-Azipods à 19,5 MW
Geschwindigkeit:	25 kn
Passagierzahl:	2.110
Besatzung:	858
Heimathafen:	Nassau
Auftrag:	15.11.1999
Kiellegung:	09.11.2002
Ausdocken:	13.03.2004
Ablieferung:	22.04.2004

■ NORWEGIAN JEWEL
Baunummer S. 667
IMO 9304045

Auftraggeber:	Norwegian Cruise Line
Vermessung:	93.502 BRZ
Länge ü. a.:	294,13 m
Breite:	32,20 m
Tiefgang:	8,20 m
Maschinen:	5 x M.A.N. B&W 14V48/60B à 14.400 kW
Schrauben:	2 x ABB-Azipods à 19,5 MW
Geschwindigkeit:	25 kn
Passagierzahl:	2.376
Besatzung:	1.188
Heimathafen:	Nassau
Auftrag:	22.09.2003
Kiellegung:	03.06.2004
Ausdocken:	12.06.2005
Ablieferung:	04.08.2005

Besonderheiten
- Größtes bis dahin in Deutschland gebautes Passagier-schiff.

■ PRIDE OF HAWAI'I

NORWEGIAN JADE (ab 2008)
Baunummer S. 668
IMO 9304057

Auftraggeber:	NCL America
Vermessung:	93.558 BRZ
Länge ü. a.:	294,13 m
Breite:	32,20 m
Tiefgang:	8,20 m
Maschinen:	5 x M.A.N. B&W 14V48/60B à 14.400 kW
Schrauben:	2 x ABB-Azipods à 19,5 MW
Geschwindigkeit:	25 kn
Passagierzahl:	2.466
Besatzung:	1.233
Heimathafen:	Honolulu
Auftrag:	22.09.2003
Kiellegung:	06.02.2005
Ausdocken:	19.02.2006
Ablieferung:	19.04.2006

Besonderheiten
- Weltgrößtes Super-Panamax-Schiff.
- Größtes bis dahin in Deutschland gebautes Passagier-
  schiff.

■ NORWEGIAN PEARL

Baunummer S. 669
IMO 9342281

Auftraggeber:	Norwegian Cruise Line
Vermessung:	93.530 BRZ
Länge ü. a.:	294,13 m
Breite:	32,20 m
Tiefgang:	8,20 m
Maschinen:	5 x M.A.N. B&W 14V48/60B à 14.400 kW
Schrauben:	2 x ABB-Azipods à 19,5 MW
Geschwindigkeit:	25 kn
Passagierzahl:	2.394
Besatzung:	1.100
Heimathafen:	Nassau
Auftrag:	17.12.2004
Kiellegung:	04.10.2005
Ausdocken:	15.10.2006
Ablieferung:	28.11.2006

■ AIDADIVA

Baunummer S. 659
IMO 9334856

Auftraggeber:	AIDA Cruises
Vermessung:	69.203 BRZ
Länge ü. a.:	251,89 m
Breite:	32,20 m
Tiefgang:	7,30 m
Maschinen:	4 x MaK 9M43C à 9.000 kW
	2 x Siemens-Elektromotoren à 12,5 MW
Schrauben:	2 Festpropeller
Geschwindigkeit:	22 kn
Passagierzahl:	2.050
Besatzung:	646
Heimathafen:	Genua
Auftrag:	19.10.2004
Kiellegung:	03.03.2006
Ausdocken:	04.03.2007
Ablieferung:	16.04.2007

Besonderheiten
- Schiff des Jahres 2007.

■ Norwegian Gem

Baunummer S. 670
IMO 9355733

Auftraggeber:	Norwegian Cruise Line
Vermessung:	93.530 BRZ
Länge ü. a.:	294,13 m
Breite:	32,20 m
Tiefgang:	8,20 m
Maschinen:	5 x M.A.N. B&W 14V48/60B à 14.400 kW
Schrauben:	2 x ABB-Azipods à 19,5 MW
Geschwindigkeit:	25 kn
Passagierzahl:	2.394
Besatzung:	1.100
Heimathafen:	Nassau

Auftrag:	03.05.2005
Kiellegung:	17.06.2006
Ausdocken:	12.08.2007
Ablieferung:	01.10.2007

■ AIDAbella

Baunummer S. 666
IMO 9362542

Auftraggeber:	AIDA Cruises
Vermessung:	69.203 BRZ
Länge ü. a.:	251,89 m
Breite:	32,20 m
Tiefgang:	7,30 m
Maschinen:	4 x MaK 9M43C à 9.000 kW
	2 x Siemens-Elektromotoren à 12,5 MW
Schrauben:	2 Festpropeller
Geschwindigkeit:	22 kn
Passagierzahl:	2.050
Besatzung:	646
Heimathafen:	Genua

Auftrag:	13.07.2005
Kiellegung:	10.03.2007
Ausdocken:	24.02.2008
Ablieferung:	14.04.2008

■ Celebrity Solstice

Baunummer S. 675
IMO 9362530

Auftraggeber:	Celebrity Cruises
Vermessung:	121.878 BRZ
Länge ü. a.:	317,20 m
Breite:	36,80 m
Tiefgang:	8,30 m
Maschinen:	4 x Wärtsilä 16V46CR à 16.800 kW
Schrauben:	2 x ABB-Azipods à 20,5 MW
Geschwindigkeit:	24 kn
Passagierzahl:	2.852
Besatzung:	1.271
Heimathafen:	Valletta

Auftrag:	12.07.2005
Kiellegung:	19.03.2007
Ausdocken:	10.08.2008
Ablieferung:	24.10.2008

Besonderheiten

- Größtes bis dahin in Deutschland gebautes Passagierschiff.
- Schiff des Jahres 2008.

■ AIDALUNA
Baunummer S. 660
IMO 9334868

Auftraggeber:	AIDA Cruises
Vermessung:	69.203 BRZ
Länge ü.a.:	251,89 m
Breite:	32,20 m
Tiefgang:	7,30 m
Maschinen:	4 x MaK 9M43C à 9.000 kW
	2 x Siemens-Elektromotoren à 12,5 MW
Schrauben:	2 Festpropeller
Geschwindigkeit:	22 kn
Passagierzahl:	2.050
Besatzung:	646
Heimathafen:	Genua
Auftrag:	19.10.2004
Kiellegung:	29.03.2008
Ausdocken:	13.02.2009
Ablieferung:	16.03.2009

■ CELEBRITY EQUINOX
Baunummer S. 676
IMO 9372456

Auftraggeber:	Celebrity Cruises
Vermessung:	121.878 BRZ
Länge ü.a.:	317,20 m
Breite:	36,80 m
Tiefgang:	8,30 m
Maschinen:	4 x Wärtsilä 16V46CR à 16.800 kW
Schrauben:	2 x ABB-Azipods à 20,5 MW
Geschwindigkeit:	24 kn
Passagierzahl:	2.852
Besatzung:	1.271
Heimathafen:	Valletta
Auftrag:	17.02.2006
Kiellegung:	06.08.2008
Ausdocken:	06.06.2009
Ablieferung:	16.07.2009

■ AIDABLU
Baunummer S. 680
IMO 9398888

Auftraggeber:	AIDA Cruises
Vermessung:	71.304 BRZ
Länge ü.a.:	251,89 m
Breite:	32,20 m
Tiefgang:	7,30 m
Maschinen:	4 x MaK 9M43C à 9.000 kW
	2 x Siemens-Elektromotoren à 12,5 MW
Schrauben:	2 Festpropeller
Geschwindigkeit:	22 kn
Passagierzahl:	2.192
Besatzung:	607
Heimathafen:	Genua
Auftrag:	12.06.2006
Kiellegung:	20.10.2008
Ausdocken:	05.01.2010
Ablieferung:	04.02.2010

■ CELEBRITY ECLIPSE
Baunummer S. 677
IMO 9404314

Auftraggeber:	Celebrity Cruises
Vermessung:	121.878 BRZ
Länge ü. a.:	317,20 m
Breite:	36,80 m
Tiefgang:	8,30 m
Maschinen:	4 x Wärtsilä 16V46CR à 16.800 kW
Schrauben:	2 x ABB-Azipods à 20,5 MW
Geschwindigkeit:	24 kn
Passagierzahl:	2.852
Besatzung:	1.271
Heimathafen:	Valletta
Auftrag:	18.07.2006
Kiellegung:	23.01.2009
Ausdocken:	28.02.2010
Ablieferung:	15.04.2010

Besonderheiten
- „Ausgewählter Ort 2010" im Innovationswettbewerb „365 Orte im Land der Ideen".

■ DISNEY DREAM
Baunummer S. 687
IMO 9434254

Auftraggeber:	Disney Cruise Line
Vermessung:	129.690 BRZ
Länge ü. a.:	339,80 m
Breite:	37,00 m
Tiefgang:	8,32 m
Maschinen:	2 x M.A.N. 14V48/60CR à 16.800 kW
	3 x M.A.N. 12V48/60CR à 14.400 kW
	2 x Converteam-Elektromotoren à 21 MW
Schrauben:	2 Festpropeller
Geschwindigkeit:	23,5 kn
Passagierzahl:	2.350 (max. 4.000)
Besatzung:	1.480
Heimathafen:	Nassau
Auftrag:	24.04.2007
Kiellegung:	26.08.2009
Ausdocken:	30.10.2010
Ablieferung:	09.12.2010

Besonderheiten
- Größtes bis dahin in Deutschland gebautes Passagierschiff.

■ AIDASOL
Baunummer S. 689
IMO 9490040

Auftraggeber:	AIDA Cruises
Vermessung:	71.304 BRZ
Länge ü. a.:	251,89 m
Breite:	32,20 m
Tiefgang:	7,30 m
Maschinen:	4 x MaK 9M43C à 9.000 kW
	2 x Siemens-Elektromotoren à 12,5 MW
Schrauben:	2 Festpropeller
Geschwindigkeit:	22 kn
Passagierzahl:	2.192
Besatzung:	607
Heimathafen:	Genua
Auftrag:	13.12.2007
Kiellegung:	18.11.2009
Ausdocken:	27.02.2011
Ablieferung:	31.03.2011

■ CELEBRITY SILHOUETTE
Baunummer S. 679
IMO 9451094

Auftraggeber:	Celebrity Cruises
Vermessung:	121.878 BRZ
Länge ü. a.:	317,20 m
Breite:	36,80 m
Tiefgang:	8,30 m
Maschinen:	2 x M.A.N. BZW 14V48/60B
	2 x M.A.N. BZW 12V48/60B
Schrauben:	2 x ABB-Azipods à 20,5 MW
Geschwindigkeit:	24 kn
Passagierzahl:	2.852
Besatzung:	1.271
Heimathafen:	Valletta
Auftrag:	21.05.2007
Kiellegung:	08.06.2010
Ausdocken:	29.05.2011
Ablieferung:	18.07.2011

■ DISNEY FANTASY
Baunummer S. 688
IMO 9445590

Auftraggeber:	Disney Cruise Line
Vermessung:	129.690 BRZ
Länge ü. a.:	339,80 m
Breite:	37,00 m
Tiefgang:	8,32 m
Maschinen:	2 x M.A.N. 14V48/60CR à 16.800 kW
	3 x M.A.N. 12V48/60CR à 14.400 kW
	2 x Converteam-Elektromotoren à 21 MW
Schrauben:	2 Festpropeller
Geschwindigkeit:	23,5 kn
Passagierzahl:	2.350 (max. 4.000)
Besatzung:	1.480
Heimathafen:	Nassau
Auftrag:	24.04.2007
Kiellegung:	09.02.2011
Ausdocken:	08.01.2012
Ablieferung:	09.02 2012

■ AIDAMAR
Baunummer S. 690
IMO 9490052

Auftraggeber:	AIDA Cruises
Vermessung:	71.304 BRZ
Länge ü. a.:	251,89 m
Breite:	32,20 m
Tiefgang:	7,30 m
Maschinen:	4 x MaK 9M43C à 9.000 kW
	2 x Siemens-Elektromotoren à 12,5 MW
Schrauben:	2 Festpropeller
Geschwindigkeit:	22 kn
Passagierzahl:	2.192
Besatzung:	607
Heimathafen:	Genua
Auftrag:	13.12.2007
Kiellegung:	28.10.2010
Ausdocken:	01.04.2012
Ablieferung:	03.05.2012

■ CELEBRITY REFLECTION

Baunummer S. 691
IMO 9506459

Auftraggeber:	Celebrity Cruises
Vermessung:	121.878 BRZ
Länge ü. a.:	317,20 m
Breite:	36,80 m
Tiefgang:	8,30 m
Maschinen:	2 x MAN B&W 14 V 48/60B
	2 x MAN B&W 12 V 48/60B
Schrauben:	2 x ABB-Azipods à 20,5 MW
Geschwindigkeit:	24 kn
Passagierzahl:	2.852
Besatzung:	1.271
Heimathafen:	Valletta
Auftrag:	10.04.2008
Kiellegung:	13.09.2011
Ausdocken:	12.08.2012
Ablieferung:	11.10.2012

■ AIDA7

Baunummer S. 695
IMO 9601132

Auftraggeber:	AIDA Cruises
Vermessung:	71.304 BRZ
Länge ü. a.:	251,89 m
Breite:	32,20 m
Tiefgang:	7,30 m
Maschinen:	4 x MaK 9M43C à 9.000 kW
	2 x Siemens-Elektromotoren à 12,5 MW
Schrauben:	2 Festpropeller
Geschwindigkeit:	22 kn
Passagierzahl:	2.192
Besatzung:	607
Heimathafen:	Genua
Auftrag:	12.08.2010
Kiellegung:	April 2012
Ausdocken:	Februar 2013
Ablieferung:	Mai 2013

■ NORWEGIAN BREAKAWAY

Auftraggeber:	Norwegian Cruise Line
Vermessung:	144.017 BRZ
Länge ü. a.:	324 m
Breite:	39,7 m
Geschwindigkeit:	22,5 kn
Passagierzahl:	ca. 4.000
Auftrag:	25.10.2010
Kiellegung:	Frühjahr 2012
Ablieferung:	Frühjahr 2013

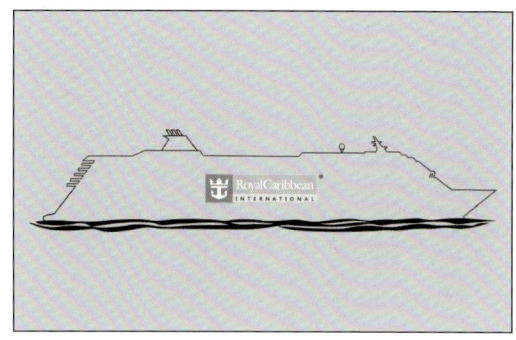

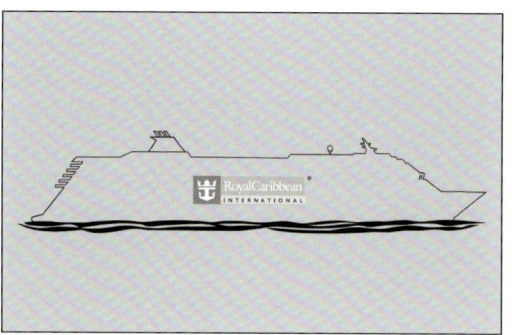

■ NORWEGIAN GETAWAY
Baunummer S. 692

Auftraggeber:	Norwegian Cruise Line
Vermessung:	144.017 BRZ
Länge ü. a.:	324 m
Breite:	39,7 m
Geschwindigkeit:	22,5 kn
Passagierzahl:	ca. 4.000
Auftrag:	25.10.2010
Ablieferung:	Frühjahr 2014

■ ROYAL CARIBBEAN PROJEKT „SUNSHINE" (1)
Baunummer S. 697

Auftraggeber:	Royal Caribbean Cruise Line
Vermessung:	ca. 158.000 BRZ
Geschwindigkeit:	22,0 kn
Passagierzahl:	ca. 4.100
Auftrag:	14.02.2011
Ablieferung:	Herbst 2014

■ ROYAL CARIBBEAN PROJEKT „SUNSHINE" (2)
Baunummer S. 698

Auftraggeber:	Royal Caribbean Cruise Line
Vermessung:	ca. 158.000 BRZ
Geschwindigkeit:	22,0 kn
Passagierzahl:	ca. 4.100
Auftrag:	14.02.2011
Ablieferung:	Frühjahr 2015

BIBLIOGRAFIE

Eilers, Rolf/Kiedel, Klaus-Peter: Meyer Werft – Sechs Generationen Schiffbau in Papen-
   burg, Meyer Werft GmbH, Papenburg, 1988
Heine, Frank/Lose, Frank: Die großen Passagierschiffe der Welt (begründet von Arnold
   Kludas), Koehlers Verlagsgesellschaft mbH, Hamburg, 2010
Kiedel, Klaus-Peter: Vom Flußraddampfer zum Kreuzliner, Emsländische Landschaft
   für die Kreise Emsland und Grafschaft Bentheim e.V., Sögel, 1986
Mayes, William: Cruise Ships (Second Edition), Overview Press Ltd., Windsor, 2007
Mott, David/Tinsley, David: The Oriana, Lloyd's List, London, 1995
Schröder, Ralf/Thamm, Michael: AIDA – Die Erfolgsstory, Delius, Klasing & Co. KG,
   Bielefeld, 2007
Witthöft, Hans Jürgen: Meyer Werft – Innovativer Schiffbau aus Papenburg, Koehlers
   Verlagsgesellschaft mbH, Hamburg, 2005

Jahrbücher der Meyer Werft
200 Jahre Meyer Werft, 1996
Luxusliner für Celebrity Cruises, 1998
Traumschiffe für Star Cruises, 1999
Luxusliner für P&O, 2000
Kreuzliner für Norwegian Cruise Line, 2002
Die Schiffe der Radiance-Klasse für RCCL, 2003
Auto- und Passagierfähren, 2004
Flusskreuzfahrtschiffe, 2006
Die Jewel-Klasse für NCL, 2007
Clubschiffe für AIDA Cruises, 2008
Die Schiffe der Solstice-Klasse, 2009

Publikationen der Meyer Werft
Eine Region hält zusammen – Weiterbau des Ems-Sperrwerks, 1999
Im Dialog (Informationen für Lieferanten, Ausgabe 2/2011)
Kiek in – Informationen für unsere Gäste (Ausgabe Sommer/Herbst 2010)
Kiek ut – Informationen für Mitarbeiter (Ausgabe April 2011)
Nachhaltigkeitsbericht 2010
Schiffe & mehr – Schiffbau in Papenburg, 2009

Zeitschriften und sonstige Quellen
Caracho (Ausgabe 9), Porsche Consulting GmbH, Bietigheim-Bissingen, 2009
Das Emssperrwerk, Niedersächsischer Landesbetrieb für Wasserwirtschaft und Küsten-
   schutz, ca. 2001
Hamburger Abendblatt, Axel Springer AG, Hamburg, 1986 bis 2011
HANSA International Maritime Journal, Schiffahrts-Verlag „Hansa" GmbH & Co. KG,
   Hamburg, 1986 bis 2011
Laser Community (Ausgabe 2), TRUMPF GmbH + Co. KG, Ditzingen, 2009
Porsche Consulting – Das Magazin (Ausgabe 10), Porsche Consulting GmbH, Bietig-
   heim-Bissingen, 2011
Porsche Engineering Magazine (Ausgabe 2), Porsche Engineering Group GmbH,
   Weissach, 2009
Sea Lines (Ausgaben 60 und 62), Ocean Liner Society, Windsor, 2010/2011

Quellen im Internet
http://www.meyerwerft.de
http://de.wikipedia.org
http://en.wikipedia.org

INDEX

DANKSAGUNG

Wenn die Meyer Werft ein neues Schiff abliefert, dann wird sie als Unternehmen stets mit diesem in Verbindung gebracht. Schnell geht dabei in Vergessenheit, wie viele Hände an Planung und Bau eines solchen schwimmenden Hotels beteiligt waren – nicht nur bei der Werft, sondern auch bei der beauftragenden Reederei, der finanzierenden Bank, bei den Zulieferern und den Lotsen, die am Ende dafür sorgen, dass der Neubau seine erste Fahrt – die Ems hinab und zum Meer – unbeschadet übersteht.

Nicht anders ist es mit dem Schreiben eines Buches. Als Autor würde ich nur viel Text in den Computer tippen, wären da nicht all jene, die die Rahmenbedingungen für die Produktion schaffen, sich um die technische Umsetzung kümmern, um die Vermarktung und die zahllosen anderen Arbeiten, die nötig sind, bis das Buch im Laden liegt.

Als Autor ist es daher meine vornehmste Aufgabe, als denen zu danken, die dafür gesorgt haben, dass diese Zeilen nun gelesen werden können. Sollte ich dabei jemanden vergessen haben, sehe man es mir bitte nach – es geschah nicht böswillig.

Zuvorderst danke ich dabei meiner Frau Rosy, die mich trotz der vielen Stunden, die ich hinter der geschlossenen Tür meines Arbeitszimmers verbringe, bei meiner Arbeit unterstützt, mich entlastet, wo es geht und dafür sorgt, dass unser Leben auch außerhalb meiner kleinen vier Wände nicht stehen bleibt.

Beim Verfassen dieses Buches hatte ich Hilfe von einem phantastischen Team, mit dem das Zusammenspiel in jeder Situation Spaß machte, und ich freue mich sehr über das Ergebnis, das wir in monatelanger Arbeit gemeinsam geschaffen haben.

Den Mitarbeitern der Meyer Werft – ganz besonders Peter Hackmann und Michael Wessels – danke ich für die Unterstützung dieses Projekts und für die tolle Zusammenarbeit.

Auch danke ich hier Ingrid Fiebak-Kremer und Robert Carlo Fiebak für die Hilfe mit dem Bildmaterial.

Auch dem Team der Koehlers Verlagsgesellschaft möchte ich meinen Dank aussprechen und dabei besonders den Einsatz von Keren Bewersdorf hervorheben, die bei der Umsetzung des Projekts professionell als Schaltstelle zwischen allen Beteiligten fungierte, mich mit mehr als nur Kleinigkeiten immer wieder entlastete und schlaflosen Nächten vorbeugte.

Nicole Laka danke ich für das gelungene Layout und den unermüdlichen Einsatz, ein für alle Beteiligten vorzeigbares Ergebnis zu schaffen.

Meine eigenen Kapitel werden ergänzt durch die wertvollen Beiträge von Douglas Ward, Peter Tönnishoff und Klas Brogren. Ich freue mich sehr darüber und bedanke mich herzlich für die auf diesem Wege beigesteuerten Gedanken.

In einem Getriebe ist kein Rad für das Funktionieren des großen Ganzen zu klein, und an dieser Stelle danke ich für ihre freundliche Unterstützung: Stella Buzzi (Transocean Kreuzfahrten GmbH & Co. KG), Martin Grant, Sabrina Helmer (TUI Cruises GmbH) Christine Jacobs (Thomson and First Choice Press Office), Christopher Jones (Brittany Ferries), Anna Möller (Global Communication Experts GmbH), Karl Neuhold (CRUISE GROUP GmbH), Kai Ortel, Tavia Robb (Celebrity Cruises) und Christoph Walter.

Und schließlich danke ich Familie und Freunden – denjenigen, die mein Leben bereichern – für die Unterstützung in allen Lebenslagen und das Verständnis, wenn ich mich mal wieder für einige Zeit „rar mache", während ein neues Buch entsteht.

Nils Schwerdtner
Norderstedt, Oktober 2011

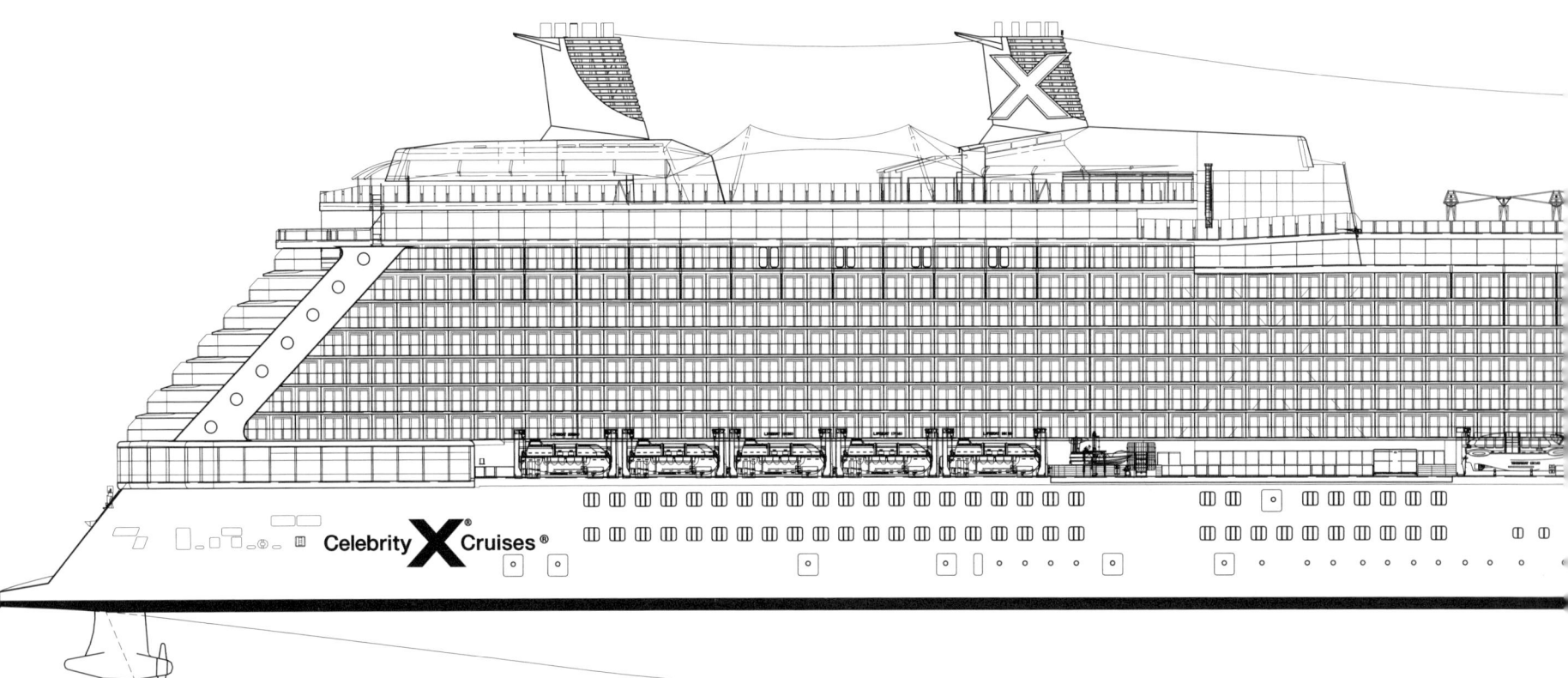